零基礎開始藝術投資

給新手的當代藝術投資教科書

知識ゼロからはじめる 現代アート投資の教科書

德光健治 作
許郁文 譯

U0048999

前言

二〇二〇年，日本的藝術市場遭受新冠疫情衝擊，陷入前所未有的危機，各處畫廊也在緊急事態宣告發佈之後被迫停業，緊急啟動線上銷售的業者也隨之增加，每個月的業績也比去年減少了五成左右。得以請領持續化給付金（紓困方案的援助金）的畫廊也因固定支出較低而得以存活，不過，就算緊急事態宣言結束，畫廊恢復正常營運，營業額似乎因爲六十幾歲以上的銀髮族客群減少而難以回到原本的水準。在如此低迷的情況下，令人爲之振奮的是二十～三十幾歲的年輕人對藝術產生興趣，也願意踏足畫廊。這些年輕人雖然無法購買太昂貴的作品，但還是慢慢地養成購買藝術品的習慣。話雖如此，日本的藝術市場現況仍然嚴峻，整個市場的營業額也免不了比前一年減少兩個位數。

儘管線上銷售的日本國內市場正逐步成長，但那些臨時抱佛腳的業者自去年夏季之後就不受顧客青睞，因此必須不斷地增加內容與開發新顧客。

從全世界最大的藝術展「巴塞爾藝術展」（Art Basel）的報表來看，歐美大型畫廊的平均收入減少了百分之三十六，也因此著手進行裁員。反之，線上銷售業績則增加了百分之二十六至三十五，由此可以預測，歐美的畫廊今後除了實體銷售之外，還必須兼營線上銷售這一塊。由於歐美的新冠疫情感染者與死亡者遠比日本來得多，所以畫廊在經營上也陷入苦戰。

另一方面，日本國內的次級市場（主要是拍賣市場）則漸入佳境。這應該是因爲新冠疫情爆發之後，有許多資金頓失去處，進而流入次級市場，轉以「資產分散」的方式規避風險。商辦大樓或新創產業的投資減少，股票市場與虛擬貨幣的投資增加之際，熱錢也往藝術市場流動。不過，許多新進的藝術投資家不知道該以何種藝術品爲標的，所以只能從其他投資者身上探聽消息，再進入次級市場投資。

或許是因爲ZOZO創辦人前澤友作曾於拍賣會購買尚米樹·巴斯奇亞的作品，所以「在拍賣會購買的藝術品不會大幅跌價」的想法才於許多人的心中紮根。目前拍賣市場的交易非常活絡，而在購買藝術品的年齡層持續下降的影響下，只能於日本這個邊緣化市場流通的作品也漸漸得到好評，這也是日本拍賣市場的一大特徵。致敬八〇年代漫畫或插圖的作品也受到三十幾歲的投資者喜愛。

總而言之，目前的日本藝術市場是以三十~四十幾歲的年輕投資者爲主力，次級市場也湧現了一股全新的活力，這或許也是因爲這幾年來，中國、台灣、香港這些亞洲藝術市場急起直追所導致，這與新一代的消費者興起，少部分的拍賣作品在資訊不夠流通的情況下被炒作的情況可說是如出一轍。

就近年來的亞洲而言，次級（拍賣）市場（P64）帶動了整個市場，也影響了畫廊這樣的初級市場，而在畫廊購買藝術品的收藏家也不斷地增加。收藏家漸漸明白，就算在拍賣會拍下知名藝術家的作品，也必須經過漫長的等待才能回收高昂的手續費以及換取利潤。就目前而言，大部分的人還不知道在畫廊這種初級市場購買競爭者較少的作品，會比在拍賣會購買來得便宜許多。此外，該在哪間畫廊購買，哪位藝術家又是潛力股的資訊太少，所以初級市場的交易才會遲遲未能活絡。

在同樣蒙上新冠疫情陰影，經濟卻仍緩步成長的中國，藝術市場肯定會持續擴張，追上美國的腳步。目前的亞洲藝術市場是以中國爲主，而遠遠落後這個市場的日本藝術市場若想稍微縮短差距，畫廊與顧客之間就必須共享資訊。

或許二〇二〇年的藝術市場眞的很嚴峻，但也有畫廊化危機爲轉機，順勢增加營業額。我曾看到多位作家因爲過度依賴畫廊而無法撐過這波新冠疫情，但也有不少作家會自己創造機會。

總括來說，能逃過一劫的作家早在新冠疫情爆發之前，掌握了社會的脈動，也採用了靈活因應危機的體制。當新冠疫情結束，新時代必定來到我們面前。這個新時代是「心的時代」。一如「正念」背後的意義，活在當下這件事也顯得越來越重要。

日本與歐美的市場在「活出自我」這塊有著明顯的差異，而日本的新市場也將在「活出自我」的概念之下誕生，這是因爲進入新時代之後，許多人將進一步追求「活出自我」。

藝術是讓人類活得更像人類的手段，所以越多人創作，藝術市場就越擴張，而在新市場逐漸成形之際，我們絕不能讓自己置身事外。如果各位讀者能透過本書了解這個逐漸擴大的市場，並參與其中，肯定能因此掌握龐大的商機。此外，如果各位能因爲本書而了解藝術投資爲何物，也對該投資哪些作品感而興趣，那將是作者無上的榮幸。

德光健治

第一堂課 ——→

從欣賞藝術 升級為投資藝術

如何從欣賞藝術升級爲投資藝術

建立有資產價值的收藏

藝術方面的薰陶通常可在下列這兩個方面派上用場。其中之一是**能感受藝術家的腦中世界**，另一個就是**能幫助我們建立優質的收藏**。

讓我們先試著了解藝術家都是怎麼樣的人，以及這些人都在想什麼吧。

藝術家不是因爲對藝術敏感才從事藝文活動。或許較感性的藝術家會比一般人更加敏感，但不是每位藝術家都是如此。**藝術家與一般人的不同之處在於源源不絕的創作意願，而不是對藝術的敏銳度**。就持續創作的毅力而言，一般人可說是遠遠不及藝術家，因爲**藝術家是「隨時都想有所創作的人」**。在他們背後，彷彿有種莫名的動力，催促著他們持續創作，隨時在思考下一個作品的人才是眞正的藝術家。

對藝術家來說，創作完全不是例行公事，而是一種宿命，他們也彷彿被「創作」所附身。有些藝術家的情感非常豐沛，有些卻與一般人無異，甚至有些人根本不懂所謂的時尚，或是對自己的物品、服裝沒有半點興趣。

了解這些藝術家的創造性，可感受到發自人類心中的創造慾。在最容易感受事物的嬰幼兒時期，這世上的一切都很新奇，也很多彩多姿，但是當我們一步步融入社會，體驗了各種人際關係與束縛，那股曾在心中翻騰不已的創造慾也在不知不覺之中消退。

能喚醒這股慾望的唯有藝術，藝術也能讓我們發現，人類不會只為了實際的利益與實用性而採取行動。鑑賞藝術品，想像作家的意圖，感受意圖之中的世界觀，就能一窺藏在藝術家心中那個超越商業與社會的創作目的。

欣賞藝術家全神貫注催生的作品，體驗作品的美好，能讓在塵世打滾的人們得以淨化思考，也能為自己注入新的活力。

接著要介紹的是剛剛提到的——藝術的另一種用途，也就是「能建立優質收藏」這點，這句話也可解釋成**幫助我們建立具有資產價值的優質收藏**。

想購入優質的藝術品，就必須多接觸藝術。常去美術館或一流的藝術展欣賞大量的眞跡，就能直覺地了解資產價值較高的藝術。此外，了解美術史的脈絡或是藝術家的想法，也能評估該作家的潛力與可塑性。

歐美的知識分子之所以不斷地培養自己在藝術方面的素養，是爲了找出未來得以升值的作品，並非爲了讓自己能在酒席侃侃而談。由於藝術品具有不當場買下來，瞬間就易手他人的商品特性，所以大量欣賞藝術品的人，都有自己一套判斷作品的基準。許多人覺得，非得是有錢人才能收藏藝術品，但只要能在有限的預算之內收集不錯的作品，就絕對能建立屬於自己的優質收藏，這一切也不會只是夢想。

一般人的收藏成為龐大的資產

二〇一七年，ZOZO創辦人前澤友作斥資一二三億日圓拍下尚米榭．巴斯奇亞的作品也引起了話題。每次這類藝術相關的話題登上新聞版面，總會讓人覺得不是有錢人就買不了藝術品，但其實不然。

於二〇〇八年公開，也廣受歡迎的【赫伯與桃樂西的森林小巨人（原題：Herb and Dorothy）】，是描述一對住在紐約的夫妻的故事。丈夫赫伯是一位郵局職員，妻子桃樂西則是圖書館館員，這對夫妻長年以來，以1LDK（一個客廳、飯廳與房間）能夠收納的標準，用自己的薪水購入了超過四千件的作品，最終還將其中的兩千多件作品捐給美國國家畫廊「National Gallery」。這對魅力十足的夫妻對藝術的愛也感動了每個人。

二〇一三年四月五日，私人的奈良美智作品在香港蘇富比拍賣會拍賣。最初預估的拍賣總額是一千八百萬港幣，沒想到最終的拍賣金額遠遠超過預期，高達四千一百萬港幣（約五億一千四百九十六萬日圓）。

這位旅居海外的收藏家收藏的奈良美智作品共有三十五件，他早在很久以前就愛上奈良美智的畫風，也在一九八八年至二〇〇六年這接近二十年的期間，趁著奈良美智的壓克力畫、線稿或版畫還很便宜的時候，一點一點地購買。早期的線稿大概幾萬日圓就能買得到，一般的畫作也只需要數十萬日圓就能購得，但有些作品的價格在現在已經漲了一百倍左右。

這位收藏家早在奈良美智聲名大噪之前，就不斷地支持奈良美智，他也提到除了收集相關作品之外，他還跟著作家的足跡踏上相同的旅程，同時也與作家交流，把收集藝術品當成人生之中非常重要的一部分。這次的拍賣結果對許多想要收集鍾愛的藝術品的收藏家來說，可說是非常震撼的事件。

收集藝術品絕不是遙不可及的奢侈，而是在能力範圍之內購買買得起的作品，讓人生變得更豐富的興趣。

常言道，藝術沒有對錯，要在哪裡購買哪種藝術品都是個人的自由。有時人在某個街角或旅行途中巧遇命中注定的作品時會當場買下。「好想擁有這個作品」這股突如其來的強烈衝動，正是擁有一件藝術品的最佳理由。

不過，要持有優質的作品，建立優質的收藏，就必須在看到作品的時候往後退一步與冷靜地思考，也必須反問自己：「這件作品眞的是我喜歡的作品嗎？」、「這件作品的價格合理嗎？」、「賣家值得信賴嗎？」這些問題。

購買藝術品絕不是廉價的交易，所以既然要買，當然要買到各方面都很滿意的作品，這也是爲什麼我們必須進一步學習藝術的理由。或許大家會覺得這樣很辛苦，但只要擁有一定程度的知識，以及遵循應有的流程，每個人就能找到自己理想中的作品，建立具有個人特色的收藏。

下一步，讓我們一起思考做爲個人資產的藝術品吧。

藝術是累積型的娛樂

音樂、舞台劇、電影這類文化結晶屬於流動型（在眼前流動的類型），而**藝術品則屬於累積型（可當成資產累積的類型）**，這也是兩者最明顯的差異。將文化當成某種人生體驗或是瞬間的愉悅屬於「流動型」概念；蒐集文化，提升文化價值則屬於儲蓄文化的「累積型」概念。尤其遇到景氣不好的時代，累積型文化往往比流動型文化更加受歡迎。

藝術品與一般商品最爲不同之處在於**藝術本來就是為了留存而生**，不像一般的商品是爲便利性、實用性而生產，所以不適合以「消費」的角度看待藝術品。由於藝術品的目的並非消費，而是留存，所以在創作作品的時候，必須秉持著作家過世之後，作品仍得以於世上保留的想法，也是因爲能流傳後世，所以作品的價值才會在作家過世之後水漲船高。

所以就上述這番言論來看，藝術應該與所謂的「流行」絕緣。有些作品的主題是呈現當代社會的情勢或問題，但這也與流行趨勢沒有半點關係，而是透過藝術反映當下的時代。說到底，藝術的本質就是娛樂，但我們很常忘記這點。藝術品與音樂、舞台劇、電影這類娛樂的不同之處在於**藝術品是需要最低需求的知識才能樂在其中的娛樂**。

每個人都可以在不具備任何背景知識的情況下欣賞與體驗藝術，但如果想要進一步鑑賞作品，具備作品的相關資訊與知識，一定會覺得更有趣。若要收藏藝術品，當然也需要了解最低限度的知識。比起坐在教室學習，直接欣賞藝術品更能吸收這類知識，而且大家也一定知道，必須多接觸等級較高的藝術品，如此一來，才能從各種作品之中，察覺如寶石般閃耀的稀有性或魄力。

此外，我們不需要通盤了解或知道於作品蘊藏的作家意圖，因爲觀賞者的主觀才重要，而且難以理解的作品通常難以得到世人認同與好評。如果不是三分鐘就能說明與理解的藝術品，往往很難流傳後世。由此可知，藝術品不是坐在教室研究的學問，而是大量欣賞優質作品，進而從中汲取知識的娛樂。

要將藝術品視爲一門生意時，也必須了解藝術的本質。或許商業模式會隨著周遭環境的變化而興衰，但建議大家不爲流行所惑，以長期的觀點看待藝術品。

假設從藝術品的本質爲「保留作品」以及「娛樂」這兩個觀點來看，以炒短線的方式買賣藝術品，恐怕很難從中獲利。如果不想培養年輕作家，也不願意承擔初期成本，以及不懂得將眼光放遠，往往很難透過買賣藝術品獲利，所以畫廊這門生意或藝術品的投資才得以成立。

此外，既然娛樂也是藝術品的本質之一，那麼藝術品的呈現手法、欣賞方式與交流方式也顯得相當重要。就娛樂這塊來看，在線上呈現藝術品如何選擇展示場所、展示方法，或是讓大眾透過網路與畫廊經理人或作家交流，都是非常必要的環節。

實際參加海外的大型拍賣會就會知道，在負責主持拍賣的拍賣師與競標者之間，有著一些微妙的化學變化，而競標者則是一邊享受著拍賣師營造的氣氛，一邊購買喜歡的作品。

就某種程度來看，讓藝術品看起來更奢華、更華麗也是非常必要的行銷策略，但除了這些表面工夫之外，還必須思考該怎麼做才能讓人享受作品，也就是突顯娛樂這項本質。如果不打算了解藝術的本質，也不以長遠的眼光經營藝術品，很有可能會因此迷失方向。一如藝術家會在漫長的人生之中慢慢成長，藝術也是與藝術家、顧客共享遠景，用盡一生經營的生意。

娛樂與資產一舉兩得

藝術不是爲了消費而生這點意味著購買藝術品形同累積資產，這讓我們能一邊期待購入的作品增值，一邊讓我們的生活變得更加豐富。由此可知，藝術可爲我們帶來娛樂與資產。簡單來說，投資藝術品就像是某種益智遊戲，而這也是藝術令人玩味的部分。

藝術品與金融資產之間，在本質上還有一點不同，那就是藝術品的增值幅度非常大，而且不會像股票那樣變成毫無價值的壁紙，因爲就算不買賣，也能擺在房間當裝飾。

那麼該怎麼做，才能發掘資產價值較高的藝術品呢？

要購買藝術品，就必須先放下個人的情緒，判斷作品的優劣，還得了解藝術品的歷史、作品的脈絡以及趨勢。如果接觸的作品不夠多，往往很難進行上述的判斷，不是長期浸淫在美術業界的專家，恐怕也很難正確評估作品。

不過，就算是剛踏入藝術世界的初學者，也有一個方法可以準確地判斷作品的優劣，那就是將重點放在藝術家的個性上。一如在進行商業投資時，會重視商業模式以及經營者本身，在購買藝術品的時候，了解藝術家的個性或遠景也是非常重要的。

一直以來，我都希望透過畫廊經理人這個角色讓更多人欣賞藝術，藉此提高該藝術家的身價，我也一直相信當顧客從投資者的觀點開始購買不同的作品，就有機會遇到自己喜歡的作品，也能與藝術家交流，最終從中獲得利益，而這對肩負文化發展重責的年輕藝術家而言，也絕對是件非常有利的事。

收集藝術品具有下列這些優點。

擺在房間當裝飾，可讓精神生活變得更豐富與安心。

藝術品這項資產會增值與帶來收益

可成為支持藝術家的贊助者

可透過藝術品與藝術家或收藏家交流、邂逅

可將作品捐贈或出借給美術館，促進藝文風氣

雖然藝術收藏有上述這麼多優點，卻幾乎找不到缺點。

如果你也喜歡藝術，希望你能在鑑賞之餘，試著投資藝術品，因爲欣賞藝術（時間的投資）絕對能從藝術家身上得到文化價値（藝術投資）。所謂的藝術投資就是一邊挖掘有潛力的藝術家，購買該藝術家的作品，對促進社會文化風氣做出貢獻，培養自己的感性與素養，一邊謀取最高利益的循環。

有些初學者或許會覺得藝術投資很難入門，有些作品也很難理解，不過大家只要先跟著自己的感性走，挑出自己喜歡的作品即可，之後再閱讀本書，吸收一些能於投資應用的藝術相關知識。

將藝術當成一門投資

藝術具備的投資價值

首先就安全性、收益性、流動性這幾個面向探討藝術品與其他金融商品有哪些不同的特徵。

安全性

藝術作品與債券一樣，有時價格會跌到比購入時還低的價格，卻不會像股票那樣跌到下市，變成壁紙。

收益性

藝術品的獲利有時比股票高許多，但這終究是長期投資才有的利潤，短線買賣只會不斷地支出手續費，有時甚至會因此不敷成本。

流動性

藝術作品的前提是長期保有，所以就算拿到市場上，也不保證能立刻賣掉，因此很少人會拿出來拍賣換現金，流動性自然也比較低。

若從上述的安全性、收益性與流動性比較，藝術品的優點似乎比金融商品來得少，但如果能長期保有的話，藝術品的風險就顯得較低，報酬也比較高，所以當金融商品的價值因爲大環境不景氣而不斷下滑時，就該以藝術品做爲優先的投資標的，也因此得掌握必要的資訊，再根據這些資訊挑選適當的作品，才能獲得比金融商品更高的報酬率。

藝術投資不是投機

股票投資的精髓在於投資者出資讓經營者經營企業，投資者再從中獲取利潤，而這也是資本主義的基本理念。換言之，就是不親自經營企業，但透過投資的方式擁有企業的一部分，並且在經營者努力經營的情況下，獲得部分利潤的模式。

這類型的投資者不會像做當沖的人一樣每天盯著股價，也不會抱著投機的心態投資，而是以長遠的眼光找出能創造利潤的企業，此時的重點在於以投資的角度尋找企業，而這種長期投資的思維也能應用於藝術投資。

相較於股票這類金融商品，藝術投資有其獨特的優點與缺點，比方說，藝術品與股票最明顯的差異在於藝術品是一種能夠欣賞的娛樂，但相關的資訊卻比金融商品來得少。量化的資訊大概只有拍賣會的成交價，而質化的資訊也只有展覽會履歷而已。此外，藝術品的優劣往往是由每個人的主觀決定，無法以邏輯推斷，但就這點來看，具備這種不確定性才稱得上是藝術。

基本上，藝術投資都屬於長期投資，所以若想追求短線的利潤，最好投資金融商品。此外，藝術投資不一定只能投資作品這種具體的「物品」，**還能投資藝術家本身，而且這種投資除了有趣**，還是藝術投資的特徵之一。投資股票當然也很看重經營者的人格特質，但這些人格特質終究只是商業模式或企業品牌的一部分，不像藝術家個人的價值幾乎等於作品的價值。

藝術投資的精髓在於思考藝術家在不斷成長的過程中，能創作出多少件引起大眾迴響的作品，反過來說，若以「這件作品有多少增值空間」的角度投資藝術品，就只能算是一種投機。

前者是認爲藝術家會不斷創作好作品而購買作品，後者則是根據各種資訊推斷作品是否會增值。也就是說，收藏有一定名聲的藝術家的作品，的確能提升投資者個人的社會地位或是建立穩固的資產，卻少了一些聲援藝術家，期待藝術家成功的意義，所以這類型的藝術品收藏與投機較爲相近「圖1」。

圖1 投機與投資的不同之處

	以投機的角度購買藝術品	以投資的角度購買藝術品
聚焦的對象	作品	藝術家（成長空間）
聚焦的重點	增值與否	價值是否會增加
購買特徵	比起喜不喜歡，更想收集會增值的作品	收集自己喜歡又有價值的作品 透過購買作品支持文化發展
對文化的影響	無	有
與時間的相關性	炒短線	長期投資
購買的依據	作家的知名度與拍賣價	掌握市場的趨勢與脈動

藝術投資是投資組合的一環

由於全世界的國境越來越模糊，所以日本若一直死守著傳統技藝，那麼在全世界的收藏者眼中，日本的這些藝術作品恐怕只是帶有異國色彩的工藝品而已。如今藝術的呈現手法已非常多元，所以全世界的收藏家不太可能以每個國家的文化分類這些呈現手法。大部分的收藏家除了投資金融與不動產，也會投資藝術品，藉此建立穩健的投資組合，降低投資的風險。

相較於投資金融商品或不動產，要躋身於這類收藏家中，還要一邊享受藝術，一邊建立穩健的投資，的確是比較困難。若想穩健地投資藝術品，應該收購安迪．沃荷這些藝術家的高價作品。雖然這類作品的增值空間不如年輕藝術家的作品來得高，卻是比較保險的投資。

可是，很少收藏家能持續購買這類高價作品，而且美國洛克斐勒家族也以「無名但量產」的思維收購藝術品。這種方式與投資新創企業的概念非常類似，唯一不同的是，藝術品不像新創企業，**不需要在短時間之內急速成長**。

投資公司不認爲那些比新創企業更加穩定，成長更加穩健的中小企業具有投資的價値，因爲投資公司的作風就是高風險、高報酬，所以就算投資了五十間公司，四十九間公司失敗也沒關係，只要剩下的那間公司能創造一百倍的報酬就算成功。

投資藝術與投資新創企業是不同的，必須耐心地培養藝術家，才能得到理想的報酬。不過，對於長期投資的藝術收藏家來說，那些具有潛力，但價格還沒上漲的作品顯得更有魅力。

將藝術品視為資產購入時，最重要的是資訊

大部分的人之所以購買藝術品，不完全只是爲了裝飾房間。爲了替房間增色而購買藝術品，當然也是不錯的選擇，但就當代藝術而

言，只爲了裝飾房間而購買，就顯得有些可惜。越來越多購買藝術品的人是因爲喜歡作品的概念，或是想要聲援作家，或者是想購買會增值的作品。

越來越多人認爲購買具有資產價值的作品，可在日後出售時換得資金，之後若遇到有潛力的作家，就能利用這筆資金購買該作家的作品。有些人則是排除個人喜好，只根據「資訊」購買藝術品。這些人會先取得畫廊的完售作家資訊或是拍賣價漲跌的資訊，再根據這些資訊購買藝術品，藉此擴大資產規模。

由此可知，藝術品具有裝飾品、收藏品、娛樂、資產這些面向，每個人都可以依照自己的目的購買。如果不打算出售購入的藝術品，就不太需要在意這些藝術品是否能成爲資產的一部分，只需要購買感興趣的作品即可。

另一方面，**若想讓購入的藝術品成為資產的一部分，就必須先掌握「資訊」**。近年來，在日本有越來越多三十幾歲的年輕經營者會根據一些未經任何加工的資訊購買作品，例如他們會根據畫廊的銷售資訊或是拍賣會的漲跌資訊挑選作品。這類收藏家一聽到五木田智央、名和晃平這類從村上隆或奈良美智手中接棒的藝術家的作品在次級市場也很搶手的資訊，就會立刻急著購買。

近年來，來自福岡的插畫家KYNE的作品，或是ZOZO創辦人前澤先生長期收藏的井田幸昌的作品，價格都在日本國內的拍賣會不斷飆漲，也有越來越多的人想買這些藝術家的作品。

手邊的資金若是充足，可以考慮購買這類即將成爲藍籌股（在美國股票市場之中，被評爲優良的股票）的藝術家的作品，也能擴大資產規模。

有些收藏家的做法是抽空參加畫廊的展覽會或是海外的藝術展，與畫廊的經營者培養交情，藉此獲得作品的資訊，得到優先購買作品的機會。

這些根據某些資訊，判斷作品即將漲價而搶先購買的收藏家的確造就了部分的日本藝術市場，但儘管這些追逐資訊的收藏家不斷增加，佔整體的比例還是不高，這也是日本藝術市場的現狀。

挑出具潛力作品的原則

要想購買優質作品，最重要的就是取得第一手資訊。本書將那些從作品得到的自身感受稱爲第一手資訊，而那些網路上的新聞，或是某個人寫在社群網站的觀後心得則稱爲第二手資訊。不管收集多少第二手資訊，說到底都是別人加工之後的資訊，很有可能與事實不符。

說到底，事實還是得眼見爲憑，尤其藝術品更是如此，每個人從作品得到的感受也大不相同。

讓我們一起想想，若是將第二手資訊照單全收會發生什麼事。若只根據拍賣價這種誰都能取得的資訊，盲目地購買會升值的作品，作品的價格就會被取得相同資訊的同一群人越炒越高，而這個泡沫最終一定會破掉，作品的價格也會大跌。

請大家多去美術館、畫廊、藝術展，或是多看一些藝術相關書籍或是網站，透過各式各樣的接觸管道，大量欣賞作品，而且建議大家多欣賞不同類型的作品，舉凡西洋美術、日本美術、當代藝術、繪畫、雕刻、大型作品、小型作品，都是可以多加關注的作品類型。

此外，有些餐廳、購物中心、飯店或辦公室會擺設一些藝術品，請大家多留意這些在日常生活之中出現的藝術品。比方說，這些地方的牆壁或展示空間應該都擺了一些作品吧？有可能擺的只是裝飾品，不是所謂的藝術品，但這些裝飾品也可能是培養眼光的教材。這個階段的我們必須注意的是，不需要逼自己了解作品或是作者的意圖，也不需要徵求別人的意見。

該做的是好好面對作品，問問自己喜不喜歡這項作品，以及看到這項作品會覺得幸福還是憂鬱，會不會讓你想起某些往事，或讓你產生無邊無際的想像。請靜靜地傾聽內心的聲音，問問自己眼前的這項作品帶來哪些感動。就算遇到不喜歡的作品，也該正面看待這類作品，因爲了解自己討厭什麼，才能知道自己喜歡什麼。

每個人都有自己的好惡，所以有些人早就知道自己喜歡哪類作品，想要購買哪些作品，但其實你之所以會喜歡某種類型的作品，通常只是因爲你曾實際欣賞過類似的作品，你才會以爲自己喜歡這類作品。比方說，作者很有名、作品很昂貴或是得到許多評論家讚賞，每個人都有可能被別人的意見左右，而在這樣的情況下，還能說自己眞的喜歡這類作品嗎？

眞的打算購買藝術品的時候，才會發現這世上的藝術品種類之多超乎想像，說不定你喜歡的藝術還有很多。就算是以前看過的作品，也請當成是第一次接觸的作品，因爲你的感受或許已不同以往。

讓我們將過去的喜好先收在腦袋裡的某個抽屜，帶著全新的心情踏上尋找喜愛的藝術品的旅程吧。

有些想投資藝術品，卻沒時間觀賞作品的人甚至會請專家幫忙鑑賞作品，再聽從專家的建議購買商品，由此可知，欣賞藝術品的經驗有多麼重要。要注意的是，在欣賞作品的時候，質與量是特別重要的部分，如果不願在這部分投入時間，只憑小道消息購買作品的話，恐怕不是「投資」而是「投機」。雖然投資藝術品不能輕鬆賺大錢，但親自欣賞作品，以及動腦思考，一定能爲自己開創光明的未來。

接著讓我們一起思考在欣賞作品之際得到的第一手資訊，對於收藏這些作品有什麼幫助。在欣賞藝術時，比起別人或媒體的意見，**自己覺得有不有趣才是重點**。「我的意見才正確」的想法非常重要，大家只要順從自己的感性卽可，媒體或身邊的朋友覺得某項作品不錯，你卻覺得不怎麼有趣的感性是非常重要的。

其實從創作者的立場思考，就不難明白感性如此重要的理由。行銷策略對於創作空前絕後的傑作可說是沒有任何幫助。藝術家若是先調查哪些類型的作品賣得比較好，就越容易做出大衆期待的作品，如此一來，作品就會變得很庸俗鄉愿。一旦藝術家太過在意顧客的需求，就會做出乏味的作品。藝術不是那些爲了暢銷才製作的作品，**必須是前所未有的發明品才有價值**。這是在了解當代藝術品的時候，至少該知道的原則。簡單來說，**作品能否得到好評通常取決於是否為「發明品」，以及「令人驚豔的程度」**。

能不在意別人的意見，遇到自己覺得有趣的作品當然最爲理想，但這也有附加條件。絕對不能只因爲是好作品而亂買一通，因爲這些作品不見得都會增值。當大家欣賞了一定數量的作品之後，才能透過這些經驗了解展覽會的評論與自己的想法有多少落差。換言之，累積了足夠的經驗才能知道**第一手資訊與第二手資訊的差異**。一旦養成這種眼光，在網路瀏覽的照片或影像的質感，就會與自己獲得的第一手資訊越來越相近。

一旦建立了屬於自己的度量衡，就能將第二手資訊當成第一手資訊，從中取捨需要的資訊。要想培養這種能力，建議大量欣賞優質的眞跡。相信自己的眼光，欣賞眞跡或眞品當然是最理想的方式，但是先在網路上瀏覽作品的圖片，再與眞品進行比較，也是可行的方法之一，這感覺很像是在對答案一樣。想要有效率地累積經驗，可先在網站大量汲取藝文資訊，再試著根據這些資訊在藝術展檢驗眞品，如此一來，或許就能慢慢地建立屬於自己的標準，**在不受他人評論的影響之下，挑出自己喜歡的作品**。

如果是基於個人喜好而購買的作品，那麼就算不會繼續增值，還是會讓人覺得很有趣才對。若想長期購買藝術品，務必先相信自己的眼光。

鑑賞藝術的基本重點

欣賞藝術不能只是呆呆地盯著作品。要鑑賞作品，就必須用心對待每一件作品。既然如此，一開始該從作品的哪個部分開始鑑賞呢？建議大家先在非常近的距離觀賞作品，之後再緩緩地後退，欣賞整件作品。

這時候可以問問自己：「對作品的印象有什麼改變」、「作品使用了哪些顏色」、「想要呈現的對象是什麼」、「使用了哪些素材」，試著從作品大小、畫框這類物質部分鑑賞。接著可將注意力轉移到筆觸、筆畫這類作品的細節，看看這些元素爲作品創造了哪些效果。這就是一邊用心觀察，一邊欣賞作品的流程。

若是在這樣不斷地鑑賞各類作品的過程中遇到自己眞的很喜歡的作品，記得做個筆記，寫下「是在哪裡看到的作品」、「對作品的印象」、「喜歡作品哪個部分」，如此一來，就能了解各種藝術，自己的喜好也會越來越清晰。等到你很了解自己的喜好，那就是進入下個階段的時候。實際購買作品時，必須將你喜歡的藝術品的特徵化爲具體的詞彙。

爲此，可試著從下列這些項目，進一步了解那些你特別爲它做了筆記的作品。

投資藝術家的潛力

購買藝術品的資金將促進藝文風氣

收集喜歡的作品其實是一種「給予」。若是在一般的畫廊購買作品，一半的金額會是畫廊的收入，另一半則歸藝術家所有。畫廊的收入會用於旗下藝術家的宣傳或是擴展藝術家的經歷，而藝術家的收入則不只是購買作品的費用，也是藝術家的生活費或製作費，讓他們得以繼續從事創作活動。

換句話說，購買作品能培養藝術家，能幫助他們創作，還有助文化風氣形成。

光是將購買的作品捐給美術館不代表能對社會做出貢獻，購買作品、收藏作品，才能支持更多作家創作，對社會做出貢獻。

除了收藏作品，買賣作品也能對社會做出更多貢獻。比方說，當你收藏的作品增值，你可以試著賣掉作品，再將獲利拿去購買一些年輕藝術家的作品，就能一步步擴充自己的收藏，還能讓更多作家獲得創作的動力。

購買優質藝術家的作品等於是捐款給作家。如果購買的是年輕藝術家的作品，有可能每二十人的作品，才有一人的作品會增值，但光是這位藝術家的作品，價值有可能超過其餘十九人的作品總和，而這也是藝術世界的常態。

收藏家與藝術家的關係就是投資者與創業者

雖然第三堂課的時候會進一步說明，不過日本的藝術市場比他國的規模小得多，**藝術品有助於累積資產的認知也尚未普及**。

當藝術品進入次級市場時，其資產價值便會向全世界公開，這是因爲最終的拍賣價都會公開，這也很像是股票上市的過程。

一般來說，新創企業的資本參與是從創業者與投資家的互助關係開始，並非任何人都適合投資。同理可證，某些贊助者會願意購買年輕卻有才能的藝術家的作品，幫助藝術家成長。

不求短期報酬，一邊思考投資風險，一邊期待長期報酬而購買作品的收藏家與投資新創企業的投資人（天使投資者）在心態上非常相似。身爲作家的藝術家是個人工作者，也是運用才能，讓自己成爲藝術巨匠的創業者。相信藝術家才能的收藏家不只是喜歡藝術家的作品，也在作家的人性上下了賭注。

由於能一邊欣賞作品，一邊投資藝術家以及累積資產，藝術市場才會在歐美一帶慢慢形成與擴大，但日本還沒有這類投資者與創業者的概念，所以投資作品的意願也比較低。當代藝術市場之所以會在歐美或是新興市場的亞洲各國茁壯，理由之一就是將藝術視爲資本主義的一部分。

大家可先鎖定喜歡的藝術家，藉由購買作品贊助他，等到這位藝術家的作品登上拍賣會的目錄之後賣掉作品，再將賣掉作品的收益用於購買年輕藝術家的作品，這也是最理想的循環[圖2]。

許多知名收藏家都是像這樣打造收藏的良性循環。這些收藏家會不斷購買喜歡的作品，等到作品漲至幾十倍的價值之後出售作品，再將獲利用來購買有可能增值的作品。透過挑出好作品的審美觀以及在適當的時間點出售作品，就能一步步建立資產。

雖然得花不少時間才能找到喜歡的作品，過程也有可能很枯燥，但這些都是建立優質收藏品所需的成本。如果你覺得將時間與金錢用在具有文藝氣息的事物上，是件很有價值的事，那麼絕對建議你投資藝術品。

若將藝術家視爲個人工作者與創業者，那麼除了藝術作品之外，更該重視藝術家的個人特質與修養，並且幫助藝街家成長。

圖2 藝術家與收藏家之間的良性循環

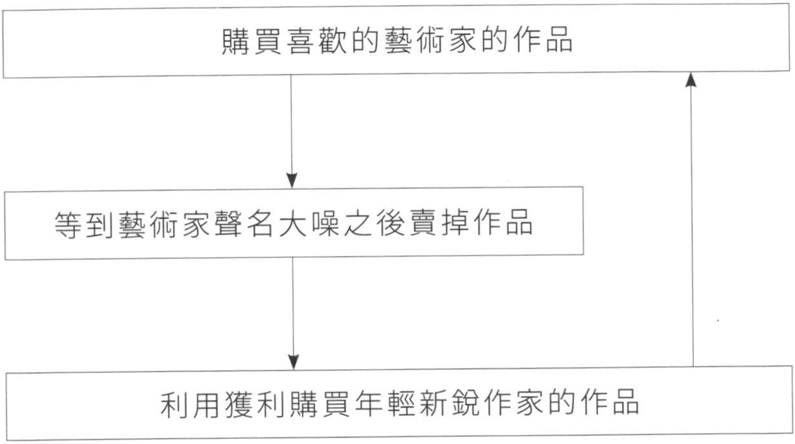
購買喜歡的藝術家的作品
等到藝術家聲名大噪之後賣掉作品
利用獲利購買年輕新銳作家的作品

看穿藝術家的素養

要想了解藝術家，最簡單的方法就是直接見到本人。最能見到本人的方法就是去個展的開幕式，其他的時間點可能很難見得到。如果很難直接會面的話，可透過網路收集藝術家的資訊或是瀏覽製作過程、採訪的相關影片，這些都是不錯的方法。

與自己的想法、感性類似的作家當然最合拍。

如果能遇到這類作家，哪怕對方的風格有變，也能繼續支持對方，不過，就算藝術家有自己的網站，上面的資訊不見得很齊全，也很難透過這些資訊了解對方的個性。畫廊幫旗下藝術家建立的官方網站也通常只列出過去的作品以及一些基本資訊，無助於了解藝術家本人。

若想了解藝術家的個性，建議透過社群網站。以專業藝術家自居的人一定會使用社群網站，尤其以Facebook或Instagram爲多，所以請對方加好友或是追蹤對方，就有機會了解對方的個性，而且也能早一步得知對方辦展覽的資訊，或是了解對方的近況以及創造過程，總之有諸多好處。

像這樣**觀察身為成功作家所需的素養**，知道對方有可能在日後成爲知名的藝術家之後，就能導出對方的作品有可能會增值的結論。要觀察一名藝術家是否具備成功的素養，可試著從**「對方是否擁有很敏銳的感受力」**、**「溝通能力」**與**「不屈不撓的毅力」**這三點觀察。

這與投資人評估新創企業經營者，決定是否投資對方的思維非常類似。許多藝術家都很有創意，但觀察藝術家個人的素養，才能判斷對方的作品是否具有潛力。

藝術家的呈現手法是否簡單易懂

藝術家是表演者，也是一種呈現自我想法的職業，對藝術家呈現的內容有共鳴的人，會願意支付對應的金錢購買作品。購買作品的原因有可能是想擁有作品，也有可能是投資藝術家的才能，但不管如何，藝術家都必須具備表達想法的能力，作品才會有價值。

有些作品乍看之下很難理解，必須了解作品的內容，才知道箇中底蘊，有些作品則是氣勢萬千，一下子就能擄獲觀眾的心，但不管是哪種作品，都必須了解作品的意圖，才能被作家最深層的想法感動。

從收藏家的角度來看，**購買相關說明或故事簡單易懂，又讓人覺得很感動的作品比較恰當**。不過，若在讀完作品的說明之後，還是無法了解作品的話，代表能了解這項作品的人是少數。假設作品的意圖很艱澀，想買的人就比較少，作家的知名度也比較難以提升，作品大賣的機率也比較低，所以最好不要買那些看不懂的作品。

在購買藝術品的時候，務必先在網站閱讀相關的內容，或是向畫廊經理人問個清楚。能否在這個階段徹底了解作品非常重要，如果無法了解作品就不應該購買。

不過，**有時候會遇到一見鍾情，不需要多做解釋的作品**。此時我的建議是，不要多想，買就對了，因爲作品向來需要「親眼見證」。

從產量較高的藝術家開始購買

若問哪種寶石很受歡迎，價值又高的話，大部分的人應該會想到鑽石吧。雖然這世上有些寶石比鑽石還要稀有，但鑽石是硬度最高，最不容易受損的寶石，所以也最容易保存，而且質地還很透徹，很適合與各種時尚服飾搭配，因此才這麼受到大眾喜愛。當需求量與鑽石相同，而且還能帶動市場的商品漲價，整個市場的規模就會跟著變大，業者也會更有銷售這項商品的動力。

藝術品也一樣，**產量較高的作家比較容易帶動市場**，拍賣會也比較想拍賣多產作家的作品，而且當作家的身價上升，拍賣量也會隨之上升。這裡說的多產是指製作作品的速度較快，而且擁有許多靈感，能不斷創作的意思。

創作速度太慢會衍生出各種問題，例如無法在顧客需要的時間之內交出作品就是問題之一。過去曾有一段時期認爲耗費大量時間，講究作品精緻度的作家才是好作家，但現在已經不是如此，在一件作品耗費太多心血這件事不一定會得到衆人認同。如果製作的是工藝品，高超的製作技術固然會得到好評，但當代藝術的評斷標準在於創作概念是否有趣、是否創新，是否能表達一些社會意義或是感動人心。

多產的藝術家產出作品的速度本來就比較快，而且也比較適合製作一些偏向實驗性質，測試市場反應的作品，因爲這樣才能早一步讓作品在外部人士面前亮相，提早知道市場的反應。這類藝術家會隨著作品的銷路調整創作路線或是增加創作量，並在累積足夠的經驗之後，一步步提升創作的速度。創作速度較慢的藝術家可試著製作版畫或是多方嘗試，製作不同種類的作品（可量產的作品），補足作品量。在這種情況下，就算是版畫，品質也必須與原作相當。

不管作者的產量是高是低，只要作品有打算進入次級市場，拍賣會的業者一定會優先考慮產量高的作家，而購買藝術品的人，也應該以多產的作家爲主，因爲這類作家的作品比較有機會增值。

接下來讓我們試著了解在購買藝術品的市場與行情。

藝術品的價格由市場決定

就某種程度而言，藝術是具有觀賞性與文化性的娛樂，導致許多人在欣賞作品的時候，不會特別想到購買這件事，不過，要感受藝術的市場性，就不能漫無目的地欣賞藝術，而是要養成以在超市購物的感覺鑑賞作品、挑選作品的習慣。帶著有可能購買的心情觀賞作品，就會注意作品的哪些部分具有市場價值。比方說，就算是去作品不予出售的美術館，如果能以「要買這些作品」的觀點看待作品，就能以完全不同的角度欣賞作品。

就算是裝置藝術或影像作品這類不容易購買的藝術品，也可以試著想像購入之後的狀態。近年來，科技越來越發達，數位作品或影像作品也都開放購買，而購買與否也會影響我們看待作品的方式。

作品的價格的確與作家的經歷或作品的尺寸大小、素材這類物質性的部分有關，但絕大部分是由市場行情決定，而市場行情是每個參與市場的人一起炒熱，所以價格看起來是由一個人決定，但其實是由整個市場決定，我們也必須知道自己是市場的一分子。若能拿自己對市場的認知，與整個市場行情進行比較，再決定購買作品的話，肯定能買到值得收藏的作品。

了解整體的趨勢

如今經濟的發展受到疫情影響而停滯，該如何看待在這類狀態下問世的作品，端看收藏家本身的功力，也必須冷靜地分析層出不窮的新作品與相關的資訊。景氣不佳的時期也有可能是偉大的藝術家接二連三冒出頭的時期，也是經濟因爲新概念而復甦的時期。

在如此劇烈的時代變化之下，有下列三個新趨勢出現。

①應用新科技的技術

在相機發明之後，照片也成爲藝術作品的表現手法之一，影像作品、數位藝術這類應用新技術的藝術品也默默登場，數量一點一滴地增加。若問當代藝術的潮流或趨勢是什麼，答案肯定是科技與藝術的結合。最近以區塊鏈技術打造的NFT藝術非常熱門，今後除了無人機、AI這類科技之外，連共享技術也有可能應用於銷售或製作作品。

若問這陣子作品價格上升最快的藝術家，就屬teamLab。teamLab原本是利用IT技術開發系統的公司，但身爲董事的豬子壽之與旗下員工製作了數位藝術作品之後，許多美術館或活動都競相邀請他們參展，而且他們的藝術作品也得到相當高評價，還在紐約的畫廊「Pace Gallery」舉辦個展，締造了作品展出即完售的紀錄。順帶一提，這間畫廊「Pace Gallery」曾經展出奈良美智或杉本博司這些作家的作品。

目前最炙手可熱的teamLab作品優勢在於融合科技與藝術，對於本身是IT企業的他們而言，在數位作品應用電子看板、光雕投影、演算法可說是信手拈來，毫不費力。過去從來沒有IT企業製作藝術品的例子，所以讓整個業界爲之驚豔，目前也是獨領風騷的姿態，不過，日後有可能會有凌駕於豬子壽之才能的外國企業出現，屆時應該會形成群雄割據之勢。

Takram、Rhizomatiks、落合陽一打造的媒體有可能會繼teamLab之後，以科技與藝術催生嶄新的作品。

這種流程的特徵在於跨越個人能力範疇，傾團體或組織之力打造作品。現在是兩極化的時代，每個人都有機會彰顯個人特色，但任何集團都能傾組織之力，打造大規模的作品。所謂的集團化就是團隊合作的意思，而這種創作模式也可說是日本的傳家寶刀，讓每個人忍不住驚嘆一聲「啊！」的Chim↑Pom正是其中一例，也是以團體的方式打造作品。

科技進入藝術的潮流絕對不只如此。從歷史來看，在相機於一般家庭普及之前，照片還未被視爲藝術品，影像作品或媒體藝術作品在攝影機或電腦普及之前，也還未被當成藝術品。雖然版畫在現代是限定複製品數量的作品，卻未於石版印刷、網版印刷止步，即使是於書籍印刷大量使用的平版印刷的作品，只要有簽名，也會被當成作家的個人作品。

當藝術作品像這樣不斷複製，就有更多人能買得到藝術作品，藝術也將更加大衆化。隨著科技的進化，大衆更有機會認識藝術，藝術也更有機會推廣。

科技也能用來判斷作品的眞僞。未來有可能會利用判斷DNA的技術，證明作品的確出自作家之手，也有可能會在作品放入辨識個人身份的IC晶片。如果技術眞能進化到這個境界，不僅能快速地辨識作品的眞僞，藝術家也能更輕鬆地管理與認證自己發表的作品。

隨著網路問世，藝術作品的範圍與溝通方式都出現許多變化，越來越多人可以透過虛擬空間接觸作品，但前往畫廊的人並未減少，反倒是在透過網路了解作品之後，帶動了後續的行動。許多人因爲網路的契機獲得了親自到畫廊欣賞作品的體驗以及購買藝術品這種前所未有的體驗，而這類體驗想必還會持續增加。若情況眞的如此演變，畫廊的展覽就必須具備更多活動的特色，也會有更多人希望體驗藝術。

當接觸藝術的人越來越多，就必須製造話題或是賦予購買作品的流程一些附加價值，才能提高作品的價值，而且科技也能讓藝術作品進化成影像作品、裝置藝術或表演藝術，藝術也不再只是擺在房間才有意義的裝飾品。

除此之外，藝術還有該如何保管與證明價值的問題。不過，今後的藝術收藏將轉變成擁有作家部分智慧財產的形式，收藏的目的也不再只是將作品放在房間當裝飾。

隨著科技的演進，藝術流通與收藏的方式肯定會有所改變。擺脫固有概念，尋求自由的過程就是所謂的藝術創作，若希望透過藝術跳脫傳統常識的框架，我們就必須了解這波由科技創造的新潮流。

②大眾文化將升華為藝術

過去也有浮世繪、廣告、漫畫、動畫這類大衆文化變成高級藝術的例子。不管時代如何變遷，都能看到衆所周知的次文化成爲藝術的例子。電動遊戲、社群網站、串流影音這類流行文化日後也可能將升華爲藝術，藝術創作不再只是創作者與觀衆之間的單行道，而是由來自四面八方，對於創作理念有共鳴的第三者共襄盛舉。

③藝術的重新定義

不管是哪個時代，都會出現馬塞爾．杜象的〈噴泉〉這種重新定義「藝術」，催生新藝術的作品。裝置藝術、行爲藝術這類新型態的藝術雖然常被某些知識份子批評爲「不倫不類」，但這些藝術作品也曾經重新定義過作品，在YouTube或社群網站進行的表演也已經被視爲藝術。當日本進入令和時代之後，藝術不再由創作者定義，而是由觀衆定義。

疫情肆虐的時代讓許多人選擇窩在家裡，也有許多人埋首創作，成爲藝術家，因此出現了大量的藝術創作，將個別的作品編入美術史的這項作業也將不具任何意義。在前所未有的藝術創作不斷誕生的過程中，普羅大衆可能會問：「到底哪個創作才是嶄新的概念？」

有些藝術在長期關注全世界藝術創作的專家眼中，不過是炒冷飯的作品，但即使是這類作品，一般人還是有可能會覺得「很厲害」。不過，就算是這些專家，今後將越來越難替每種藝術創作分類，因爲鑑賞者與製作者的看法不一樣，而製作者對作品的詮釋也不再是唯一的標準。

今後，定義藝術品概念的權力將從創作者下放至鑑賞者手中，當作品離開藝術家的手，作品的意義也將改變。有些作品會在作家過世之後得到衆人青睞，但這不過是鑑賞者賦予的價值觀，鑑賞者充其量只能想像作家的意圖。

在這個充斥著新藝術的時代裡，藝術的價值將由鑑賞者斷定，過程也將變得更加民主。創作時，必須更直接了當地讓鑑賞者了解作家的意圖，不能再像過去那樣，要求鑑賞者「仔細閱讀作品的概念」。當藝術的價值是透過大衆決定，懂得應用數位科技的藝術家與收藏者就能進一步交流，建立更緊密的關係。早一步嗅到這股潮流的藝術家或收藏家，也能早一步適應嶄新的世界觀。

不過，影像作品或數位作品並非傳統的繪畫作品或雕刻品，所以在這個影像作品與數位作品都被視爲藝術的時代裡，賦予這些作品價值顯得更加重要，也更加困難。

第一堂課的重點

- 藝術家就是「隨時都得創作的人」
- 藝術的目的在於留存，是累積型的娛樂
- 藝術投資不是投機
- 要將藝術品當成資產，就必須掌握「資訊」
- 獲得好評的作品有「發明品」與「令人驚豔」的特徵
- 收藏家與藝術家很像是投資者與創業家的關係
- 了解藝術家的素養，也能了解作品的潛力
- 藝術品的價格是由市場決定

第二堂課 ⟶

了解藝術品流通的基本構造

藝術市場的基本架構

藝術品的流通架構（初級市場／次級市場）

在藝術品流通的基本架構之中，最先銷售藝術品的市場稱爲初級市場。就正常管道來說，這種初級市場的作品會購自畫廊，直接與作家購買也算是。

次級市場的作品則是經過轉賣的作品。若以一般的商品來看，這種作品就是相對於新品的中古品，但藝術品只要狀況良好，品質就不會下降，所以通常會在次級市場交易，如果是許多買家想要的作品，價值不僅不會下滑，還會因爲初級市場的供應量不足，在次級市場不斷地增值。

因此，若是受歡迎的藝術家，在次級市場的作品數量反而會比在初級市場來得多，所以若很想要這位藝術家的作品，在次級市場購買反而比較省事。

反應供需的是拍賣價格

藝術品的次級交易有許多種形式，有的是在店面交易，有的是透過線上交易，有的則是在拍賣會購買，其中交易金額最高的莫過於拍賣會。爲了購得作品而競相出價的拍賣會會記錄得標價，而這個價格也會反映至初級市場的價格。由此可知，拍賣這套系統絕對是提升藝術品價格的方式之一。

不過，一旦藝術家或作品的行情被炒熱，作品的價格就會飆漲，也就沒辦法以正常的價格買到，所以對於想便宜購得作品的人來說，拍賣會不是太理想的場合。

其實價格是由需求與供給的平衡決定，藝術品這種產量有限的商品，也是由需求量（受歡迎程度）決定價格。照道理來說，作品越受歡迎時，只需要增加產量就能抑制價格，但藝術品的情況卻沒那麼簡單。不過，當作品的價格在初級市場飆漲，就很難說服顧客購買，所以就算是非常受歡迎的作品，價格也只能慢慢上漲。換句話說，**畫廊的初級價格有時不符合供需現況**。

在這種情況下，在次級市場調整初級銷售的價格，價格就更符合供需。換言之，可讓畫廊的初級價隨著拍賣的得標價慢慢上漲。

不過，拍賣的一大特徵就是當拍賣會出現了一群無論如何都想買到某項作品的人，作品的價格就有可能因爲這群人競相出價而越炒越高，此時的價格不一定與作品受歡迎的程度相符，不過，比起畫廊的初級價格，這裡的得標價肯定更能反映行情。

此外，既然拍賣的價格反映了供需，那麼次級市場的價格將成爲初級銷售的領先指標，畫廊的初級價格也總是比拍賣價更慢反應，也就無法超越次級市場的得標價。由於能以初級價格買到新作絕對比較划算，所以畫廊打的算盤就是希望能出現更多寧可排隊也要買到作品的人。

蘇富比或佳士得這種大型拍賣會經手的作品都很有水準，也擁有許多優質顧客，其中不乏願意爲好作品一擲千金的富翁，所以只要能讓作品從日本國內的拍賣會進入外國的一流拍賣會，同一位藝術家的作品就有可能因此身價大漲。

此外，若是拍賣會或次級市場的畫廊旗下的藝術家，作品也有可能在拍賣會交易，因爲拍賣會希望收藏家在畫廊購買作品之後，也能將買到的作品放在拍賣會交易。

藝術品進入市場的3D（Death／Divorce／Debt）

藝術品與股票、不動產一樣，都是價格會受景氣下滑的商品之一。價格會下滑的是價格隨著拍賣行情變動的次級市場作品。

景氣不佳固然是便宜買到作品的好機會，但景氣不佳的時候，也不太會出現優質作品，這是因爲收藏家知道在景氣不好的時候拿出作品也賣不到好價錢，所以不會選在這時候拿出作品拍賣。

一般來說，收藏家會在「Death」（死亡）、「Divorce」（離婚）、「Debt」（負債）或「Default」（破產）這三個以「D」爲字首的時間點拿出作品拍賣。次級市場的作品的價格會因爲景氣的好壞大幅震盪，所以想在最佳時機購買作品，就必須不斷搜尋資訊，反觀初級市場的作品就比較不容易受到景氣影響，所以就算市場不景氣，也有機會買到優質的作品。

一般認爲，在景氣不佳、行情下滑的時代裡，商業的世界一定會出現非常強勢的新創產業，比方說，Facebook或Twitter在創業不足四年的時候遇到雷曼兄弟金融風暴，Uber、Airbnb、Instagram則是在二〇〇八～二〇一〇年誕生。若是進一步回溯，就會發現微軟（一九七五年）、蘋果（一九七六年）是在石油危機與景氣不佳同時上門的時期誕生。

這個現象也同樣在藝術的世界發生，比方說，英國在一九九〇年代的前期陷入經濟低迷不振，房價大跌的困境，被稱爲英國青年藝術家（Young British Artists）的新銳藝術家便於此時堀起。達米恩・赫斯特、翠西・艾敏、瑞秋・懷特艾德、道格拉斯・戈登、克里斯・奧菲利這些當紅的藝術明星便是在上述的時期嶄露頭角。

了解次級市場的三種動作

次級市場的拍賣結果都可在拍賣結束後，在拍賣行的網站確認，所以次級市場的作品在價格上，會比初級市場的作品來得更容易預測，但還是得時時更新資訊，以免手邊的資料太過陳舊。此外，也必須去拍賣會感受現場的氣氛，才能知道拍賣價是怎麼越拍越高的。

初級市場的作品價格會因爲作品在次級市場受歡迎的程度而起

伏，由此便可知道初級市場與次級市場是互相連動的，不該分開看待。

可了解次級市場的三種動作如下。

①參加拍賣會
②透過資料了解拍賣結果
③分析讀過的資料

第一步就是**先實際參與拍賣會**。有些人以爲參加拍賣會的門檻很高，必須受到邀請才能參加，但其實只要提出身份證明卽可，也不一定得實際參與競標。

參加拍賣會可親身體會次級市場的運作方式與氣氛。如果想參加的是佳士得或蘇富比這種大型拍賣會，就不需要花工夫索取型錄，在網站就能瀏覽過去的拍賣結果以及今後要拍賣的作品。建議大家一邊細讀這類資訊，一邊吸收作品拍賣的趨勢。如果能記住每位作家的資料，了解作品價格的上升幅度，或是作品與各地國際展覽、藝術展之間的關係，就能進一步了解市場。

全世界的次級交易現場

全世界的藝術次級交易市場規模約爲三～四兆日圓，最近的市場特色則是二次世界大戰之後當代藝術的佔比急速增加。

在過去，藝術次級交易市場都以二次世界大戰之前的現代繪畫爲主，但進入二十一世紀之後，單件的拍賣價就超過數十億日圓的當代藝術品也越來越多，近年來，甚至有拍賣價超過一百億日圓的作品。

二〇〇〇年之後，中國的拍賣市場規模急速擴大，彷彿後起之秀般，亦步亦趨地跟上歐美拍賣市場的熱絡程度，到了二〇一六年之後，中國拍賣市場的業績也超越了美國的市場（到了二〇一七年之後，美國又重回第一名寶座），許多資金也湧入藝術市場。

亞洲市場以中國爲龍頭之外，香港、台灣、韓國、新加坡的市場也急速擴張，於這些國家舉辦的國際拍賣會的交易金額也遠遠高於日本市場。

雖然中國的次級市場勢頭正盛，但藝術家的新作品通常會直接流入次級市場，中國的初級市場也因此非常脆弱，但即使如此，在各國市場因新冠疫情遲滯不前之際，只有中國的市場呈現正成長。

日本次級市場的實情

日本雖然也有藝術品的次級市場，但當代藝術品的市場仍無法完全擺脫雷曼兄弟事件造成的傷害，目前還在努力恢復中。歐美與亞洲各國雖然也因雷曼兄弟而受創，但如今已揮別陰霾，市場規模也比雷曼兄弟事件之前更爲擴張。

在平成泡沫經濟崩壞的十數年之後發生的雷曼兄弟事件導致藝術品的價格暴跌，也種下日本當代藝術品失去資產價值的禍根。

此外，在平成泡沫經濟之後受大衆歡迎的裝飾藝術（Interior Art）誕生，沒有次級市場的市場也於焉形成，也爲藝術市場增加了不安的因素。

另一個日本次級市場無法茁壯的理由是日本特有的「交換會」，也就是業者彼此交易的拍賣系統。

這種日本特有的拍賣系統「交換會」類似畫廊共同組成的互助會，一般人無法參加，只有入會的畫廊能以拍賣的方式交易次級市場的作品。只要能透過交換會賣出作品，作品就能變現，而且買作品的時候，還能延遲付款，所以入會的畫廊只要在交換會買賣作品，就不需要爲了籌措資金所苦。這些畫廊之間的關係非常緊密，若沒有入會的畫廊介紹與支付高額的入會費就無法入會。

對畫廊來說，這當然是再好不過的系統，但是當作品在交換會多次轉手之後，價格越來越高，最終收藏家只能以高價收購這類作品。換言之，收藏家被迫以高價購買那些被多數畫廊炒高價錢的作品。

會以這種方式交易的作品以日本畫作、西方畫作爲主，當代藝術的業界沒有這種風氣，但草間彌生或具體美術作家的作品也很常登上交換會的檯面。

這種錯綜複雜的負面循環正是讓日本藝術市場萎縮的元凶。

藝術品的價格在進入本世紀之後不斷飆漲

網路的普及造就了新市場的誕生

自二〇〇〇年之後，拍賣會的得標價就不斷飆漲。造成這種現象的主要理由在於網路普及之後，每個人都能參與的新市場也跟著不斷擴張。在九〇年代之前，要參加拍賣會必須收到拍賣行的邀請，而且參加者能參考的資訊只有型錄，否則就得直接觀察作品，但現在已能透過網路搜尋過去的得標價，或是了解市場的趨勢。

購買藝術品的方式也與過去大不相同，早期通常只能參考畫廊或拍賣行的意見，但現在已能透過網路收集與分析作品的資料，也比較容易找到有價值的作品。這些都對市場規模的擴大造成了莫大影響。

前澤友作購入後，巴斯奇亞的價格隨之上漲

二〇一七年五月，株式會社ZOZO創辦人前澤友作以一百二十三億日圓（約一億一千萬美元）的天價拍下尚米榭・巴斯奇亞的代表作而引起話題。在二次大戰之後出生的藝術家之中，巴斯奇亞目前是得標價最高的藝術家。順帶一提，在第一線的藝術家之中，傑夫昆斯的〈兔子〉於二〇一九年五月十五日紐約佳士得拍賣會以

九千一百零七萬五千美元（約一百億日圓）拍出，也刷新了大衛．霍克尼的紀錄。

接著讓我們一起了解巴斯奇亞的作品在前澤友作購入之後，市場價格產生了什麼變化吧。首先要看的是在前澤友作購買巴斯奇亞的作品的前一年，也就是二〇一五年，於戰後出生的藝術家的拍賣價排行

圖3 於戰後出生的藝術家的拍賣價總金額（2015年）

	拍賣價總金額（美元）	藝術家姓名
1	1 億 2582 萬 1223	尚米榭．巴斯奇亞
2	1 億 1299 萬 3962	克里斯多福．伍爾
3	8187 萬 5747	傑夫．昆斯
4	6629 萬 1922	彼得．多伊格
5	6520 萬 3894	馬丁．基彭貝爾格
6	3526 萬 4485	曾梵志
7	3289 萬 935	理查．德普林斯
8	2495 萬 7628	朱新建
9	2456 萬 2694	凱斯．哈林
10	2275 萬 2256	達米恩．赫斯特
11	2220 萬 1414	魯道夫．史丁格
12	1837 萬 6503	安尼施．卡普爾
13	1704 萬 4008	欣蒂．雪曼
14	1628 萬 7181	周春芽
15	1591 萬 7355	馬克．格羅賈恩
16	1536 萬 9274	奈良美智
17	1507 萬 5422	安塞爾姆．基弗
18	1494 萬 9549	韋德．蓋頓
19	1423 萬 6400	馬克．唐西
20	1416 萬 435	劉煒

出處：Artprice.com

榜「圖3」。在這年，巴斯奇亞首次站上第一名，但第二名的克里斯多福·伍爾卻緊追在後，雙方的差距不太明顯。

接著讓我們一起觀察前澤友作於二〇一六年，以五千七百二十八萬五千美元（以當時的匯率計算，約爲六十二點四億日圓）首次購買巴斯奇亞的〈Untitled〉之際的排行榜「圖4」。

圖4 於戰後出生的藝術家的拍賣價總金額（2016年）

	拍賣價總金額（美元）	藝術家姓名
1	1億3947萬6214	尚米榭·巴斯奇亞
2	8402萬4644	克里斯多福·伍爾
3	5850萬2501	傑夫·昆斯
4	5588萬910	理查·德普林斯
5	4465萬9183	彼得·多伊格
6	3171萬3367	奈良美智
7	2844萬5055	魯道夫·史丁格
8	2425萬9022	凱斯·哈林
9	2261萬3003	曾梵志
10	2122萬2129	安塞爾姆·基弗
11	1983萬8753	莫瑞吉奧·卡特蘭
12	1642萬5698	張曉剛
13	1625萬9564	馬克·布拉德福德
14	1580萬811	達米恩·赫斯特
15	1533萬1356	阿德里安·傑尼
16	1529萬8000	馬克·唐西
17	1324萬8793	邁克·凱利
18	1316萬5912	劉煒
19	1279萬1202	村上隆
20	1229萬4829	陳逸飛

出處：Artprice.com

巴斯奇亞依舊再次站上第一名，卻與第二名的克里斯多福．伍爾拉開差距，兩者的差距來到了五千五百萬美元。有趣的是，前澤友作正是以五千七百萬美元購買巴斯奇亞的〈Untitled〉，所以由此可知，當前澤友作以高價買下作品之後，巴斯奇亞才坐穩了第一名的寶座。

到了「圖5」的二〇一七年排行榜之後，第一名與第二名的差距

圖5 於戰後出生的藝術家的拍賣價總金額（2016年）

	拍賣價總金額（美元）	藝術家姓名
1	3億1352萬830	尚米榭．巴斯奇亞
2	6065萬1662	彼得．多伊格
3	5262萬2505	克里斯多福．伍爾
4	5153萬9840	魯道夫．史丁格
5	3904萬6320	馬克．格羅賈恩
6	3602萬684	理查．德普林斯
7	3587萬8411	奈良美智
8	3482萬3067	凱斯．哈林
9	3109萬9780	曾梵志
10	3007萬1188	達米恩．赫斯特
11	2826萬7616	阿德里安．傑尼
12	2399萬9092	安塞爾姆．基弗
13	1855萬2016	亞伯．厄倫
14	1637萬4654	馬克．布拉德福德
15	1560萬4353	傑夫．昆斯
16	1492萬829	湯瑪斯．舒特
17	1462萬9862	張曉剛
18	1352萬6334	約翰．柯林
19	1331萬3752	喬治．康度
20	1314萬7163	周春芽

出處：Artprice.com

更加明顯。前澤友作斥資的一億一千萬美元當然有一定的影響力，但就算扣掉這部分，巴斯奇亞的拍賣價總金額還是高達二億美元，遙遙領先其他藝術家，而且總金額還是第二名的彼得・多伊格或第三名的克里斯多福・伍爾好幾倍，達到了難以超越的境界。

接著讓我們看看在二〇一七年十月到二〇一八年九月這一年之內，戰後出生的藝術家的作品拍賣金額排行榜「圖6」。

這張表沒有前澤友作的拍賣金額。換言之，在前澤友作以一百二十三億日圓拍下巴斯奇亞的作品之後，排行榜的前二十五件作品之中，有十件是巴斯奇亞的作品。或許前澤友作並非有意促成這種現象，但在戰後出生的作家之中，巴斯奇亞受歡迎的程度可說是將其他作家遠遠拋在腦後。

近年來，常看到藝術品拍出天價的新聞。以二〇二〇年七月的時間點來看，得標價超過一百億日圓（九千兩百萬美元）的作品已超過五十件，其中有四十二件是從二〇〇〇年之後開始拍賣的藝術品。

圖6 於戰後出生的藝術家的拍賣價總金額（2017年10月～2018年9月）

	拍賣價總金額（美元）	藝術家姓名	作品名稱	拍賣日期
1	4531 萬 5000	尚米榭・巴斯奇亞	〈Flexible〉	2018 年 5 月
2	3071 萬 1000	尚米榭・巴斯奇亞	〈Flesh And Spirit〉	2018 年 5 月
3	2281 萬 2500	傑夫・昆斯	〈Play-Doh〉	2018 年 5 月
4	2264 萬 280	陳逸飛	〈Warm spring in the jade pavillion〉	2017 年 12 月
5	2159 萬 4014	尚米榭・巴斯奇亞	〈Red Skull〉	2017 年 10 月
6	2112 萬 7500	彼得・多伊格	〈Red House〉	2017 年 11 月
7	2111 萬 4500	凱瑞・詹姆斯・馬歇爾	〈Past Times〉	2018 年 5 月
8	2012 萬 5811	彼得・多伊格	〈Camp Forestia〉	2017 年 10 月
9	1995 萬 8612	彼得・多伊格	〈The Architect's Home In the Ravine〉	2018 年 3 月
10	1942 萬 2139	尚米榭・巴斯奇亞	〈Untitled〉	2018 年 6 月
11	1768 萬 936	尚米榭・巴斯奇亞	〈Jim Crow〉	2017 年 10 月
12	1672 萬 8820	尚米榭・巴斯奇亞	〈Multiflavors〉	2018 年 3 月
13	1516 萬 6515	彼得・多伊格	〈Charley's Space〉	2018 年 3 月
14	1447 萬 2784	克里斯多福・伍爾	〈Untitled〉	2018 年 3 月
15	1197 萬 9851	馬克・布拉德福德	〈Helter Skelter I〉	2018 年 3 月
16	1109 萬 6876	馬丁・基彭貝爾格	〈Ohne Titel〉	2018 年 6 月
17	1095 萬 3500	尚米榭・巴斯奇亞	〈Cabra〉	2017 年 11 月
18	1075 萬 5224	尚米榭・巴斯奇亞	〈New York,New York〉	2018 年 6 月
19	1062 萬 3791	陳逸飛	〈Beauties on Promenade〉	2018 年 5 月
20	1043 萬 7500	彼得・多伊格	〈Almost Grown〉	2017 年 11 月
21	1015 萬 7506	彼得・多伊格	〈Daytime Astronomy(Grasshopper)〉	2018 年 6 月
22	933 萬 3257	尚米榭・巴斯奇亞	〈Untitled〉	2018 年 5 月
23	822 萬 6036	村上隆	〈Dragon in clouds-red mutation〉	2018 年 4 月
24	826 萬 2500	克里斯多福・伍爾	〈Untitled〉	2018 年 5 月
25	813 萬 1000	尚米榭・巴斯奇亞	〈Flash in Naples〉	2017 年 11 月

出處：Artprice.com

就過去的得標價排行榜來看，於二〇一七年被前澤友作以一百二十三億拍下的巴斯奇亞的作品排名第三十五名，而在前澤友作購入巴斯奇亞作品之後的三年內，拍賣價超過一百億日圓的作品也多達十件。

話說回來，對一般人來說，一百億日圓是難以想像的數字。若以上市上櫃的日本企業的股價比較，市值超過一百億日圓的公司有七百三十間，在三千七百一十四間上市企業之中，爲前百分之二十的企業，換言之，日本有八成上市企業的市值比不上一幅畫，從這點便可得知，現在的藝術之價值已是天價。

藝術品的漲價機制

話說回來，藝術品的價格到底是怎麼決定的？又是怎麼上漲的呢？如果是費時費力製作的作品或是材料費很高的作品，價格貴一點或許還不難理解，但概念式當代藝術的價格似乎毫無根據可言，不過，作品的價格一定是由某些因素決定，而且也一定有漲價的道理。

首先要說明的是，藝術本身就是與合理性站在對立面的存在。藝術家創作自己想創作的作品，消費者不一定是以合乎邏輯的理由購買作品。藝術品可說是完全不符合性價比的商品，**作品的素材也很少反映在價格上，有九成以上價格都是所謂的附加價值**。

那麼藝術品的附加價值或價格又是怎麼決定的呢？藝術品的價值是由作品的概念或故事決定，價格則是由供需決定。

與其他商品不同的是，藝術品的「價值」不一定等於「價格」。「價值」向來不是客觀的判斷，而是主觀的評估，只要當事人覺得不錯，作品的價值自然就高，所以價值是由當事人決定的，換句話說，作品的價值並非評論家或策展人的評價決定，但現況卻與這個原則背道而馳，作品的價值是以第三者的評價決定。

此外，若從原則來看，「價格」也應該是由需求與供給之間的相關性決定。換言之，數量有限，卻很受歡迎的作品會比較多人想要，價格也會往上漲，但就現況來看，拍賣時的估價是由第三者的評價或判斷形成，而作品的價格則是由拍賣時的估價決定。美術評論家這類學術權威能讓作品在拍賣會失色或是大放異彩。就作品的品牌管理而言，過於大衆化這點會造成負面影響，所以有時會請上述的學術權威評論作品與賦予作品價值。

在價格是由在市場的受歡迎程度決定，價值是由個人的主觀決定的世道之中，藝術的世界仍是以學術性的評論決定一切。

決定藝術品價格的機制在漫長的歲月之中不斷地演進。在過去，藝術品的價格是由作家的簡歷、在畫廊銷售的年數決定，換言之，銷售年數越長，價格越高，但現在的作品價格已是由次級市場主導，越受歡迎的作品，價格越容易飆漲。隨著以拍賣爲主的次級市場不斷擴張之後，市場也從想購買有錢人持有的部分稀有作品，轉型成可自由買賣作品的型態。

二〇一七年十一月十五日，李奧納多．達文西的作品〈救世主〉在紐約佳士得以五百零八億日圓拍出。作品在拍賣會的成交價是由投標者競爭的激烈程度決定，只要越多人想要，價格就會不斷飆漲。

一般來說，該於美術館收藏的作品不太會流入市場，所以達文西的作品已是「不可能在市場流通的稀有品」，價格自然會鍍上一層金。不惜重金也要買到的人越多，競標就會越激烈。說到底，作品的價格還是由供需決定，越多人喜歡的作品，價格自然會飆漲。

那麼，天價般的作品又是如何決定價值的？作品的價值不只是以競標決定，而是以外界的評論決定。**作品的價值與製作過程、製作技術無關，只與概念或故事有關**。不管製作成本多高，製作過程多久，都不太會反映在作品上。

當越多人認爲「某項作品的概念或故事能在美術史佔有一席之地」，該作品的價格就會飆漲，這與公司的股價會隨著被看好的程度不斷上漲是差不多的道理。雷諾瓦與畢卡索都是在近代西洋美術史佔有重要地位的作家，作品的價格當然也是居高不下，大部分被譽爲傑作的作品也都已經被知名的美術館收藏，若有博物館等級的作品流入市場，當然會是難以想像的高價。

地位還未如此崇高的藝術家有可能會是未來的雷諾瓦或畢卡索，在美術史留下屬於自己的篇章，他們的作品也會因爲大衆的期待而不斷增值，所以**不斷挑戰與創新的藝術家才會備受期待與好評**。

由此可知，想推測哪些藝術家的作品會增值，就必須了解接下來的藝術趨勢。趨勢會創造新的美術史，引領趨勢的藝術家若得到青睞，周邊的藝術家也將一併受到好評。

既然價格會隨著需求上漲，應該也會隨著需求下跌才對，但畫廊的標價通常是每年微幅調漲，所以價格幾乎不會下跌。價格下跌意味著作品的評價變差，作家個人的動力下滑，所以就算放著不管，作品也很少會跌價。這代表畫廊的定價不一定反映著市場。就某種意義而言，畫廊的定價只是作品進入次級市場之前用來「試水溫」的價格，作品在畫廊的價格會不會上漲，端看顧客的眼光。

話說回來，畫廊，尤是美國的大型商業畫廊常與次級市場聯手炒高作品的價格，這也代表次級市場與拍賣會是相通的，當然，這群人也會與美術館或媒體打好關係，聯手打造炒高藝術品價格的機制。我們當然有機會在這種互相勾結的機制底下，搶到還沒漲價的作品，但制價權的確是被這群人牢牢握在手中。

你的藝術收藏現在值多少？

近年來，有越來越多人擁有藝術作品，但很多人都沒賣過作品。如果很喜歡買到的作品，當然不一定要賣，單是欣賞也很快樂，但如果想要建立優質的收藏品，就要有「稻草富翁」的概念，也就是賣掉部分的作品，再以獲利購買下一件作品，增加自己的收藏量。以建立收藏品這種長期的眼光持有藝術品，就能買到能確實獲利的作品，也能建立兼顧獲利與收藏的循環。

大部分的藝術品都是獨一無二的，所以只要沒人想賣，其他人想買也買不到，最後就會變成有行無市的情況。有想賣出作品的人，經濟才會如活水般循環，而提供作品買賣的場所就是拍賣會這類次級市場，所以若想要爲藝術市場盡一份心力，就必須買賣作品。那麼，在這種藝術品的次級市場之外，有沒有不讓作品價值下滑的出售方式呢？大部分的人應該都會覺得藝術作品放著不管很可惜，要賣的話，價錢也想賣得比當初買的成本高一點才對。

首先要知道的是，在次級市場裡，作家的評價通常等於作品的評價，所以作家若是受歡迎，以前的作品也會跟著得到好評，因此我們該做的事情是，將注意力放在受歡迎的作家身上。

其次是要知道在購買藝術品之後，藝術品的價值會不斷地變動，所以得定點觀察價值的起伏幅度。就算不打算賣出，知道手中的作品有多少資產價值也不是壞事。了解行情，就能知道哪些作品會增值，而這些知識與經驗也能幫助我們建立優質的收藏品。

手邊的某些藝術作品應該鑑價，有些則不需要鑑價。比方說，在銀座老牌畫廊買賣的花鳥風月或富士山的風景畫、寫實畫風的美女畫雖然在交換會，也就是在業者之間不斷交易，但如果打算以個人的身份購買時，價格可能會跌到購入價的二～三成。

由於國際拍賣市場不會將上述作品列入考慮，所以這類作品通常是有行無市。反之，若是從積極宣傳初級市場作品的藝廊購買作品，那麼委託該藝廊銷售作品時，作品的價格幾乎不會下跌。換言之，負責銷售的畫廊會不斷地宣傳該作品的作家，所以價格也不至於下滑。

另一方面，作家的得獎經歷也與作家受歡迎的程度有關，而越受歡迎的作家，作品就越多人想要。此外，購買作品的藝廊是否在國內外積極宣傳該作家也是非常重要的一件事，因爲連在外國的銷售都很積極的話，能接觸到的消費者肯定比較多，作品也會有比較多的銷售管道，而且通常能以高於日本市場行情的價格賣出去。從這種努力經營的畫廊購買作品，通常不會遇到作家身價下滑的問題。

投資熱錢會不斷地追逐景氣與成長

基本上，價格是由「供需」決定，所以當作品賣得好，畫廊也能一步步調漲作品的價格。就畫廊的營業模式而言，不管是以一萬日圓賣出作品，還是以一百萬日圓賣出，基本的成本都不會改變，所以以高價賣出當然比較合乎效益。假設畫廊的經營重點在於稍微提高作品的單價再售出，那麼從供需平衡的角度來看，需求增加，供給略嫌不足的情況最能留住顧客，這也是最佳的經營狀況。

雷曼兄弟事件爆發之際，股票市場大跌，藝術作品的價格也跟著全面下滑，之後卻比股價早一步復甦。雖然藝術品在不景氣的時候，依舊是抗跌的商品，但在購買藝術品的時候，還是得拿當下的行情與股價進行比較。

在新冠疫情蔓延，景氣極度不佳的情況下，日本的拍賣市場還算健全，但沒人知道藝術品的價格接下來會有哪些變化。歐美主要各國的GDP已恢復至雷曼兄弟事件之前的水準，所以因為疫情而下滑的消費水準，應該也會隨著後續的經濟一步步回穩吧。

不過，就最近的情況來看，一般消費者的經濟停滯似乎與股票市場脫節。來自富裕階層的投資熱錢在不受景氣影響的情況下不斷成長，所以藝術作品的價格應該不會再像雷曼兄弟事件的那時一樣，直接與股票市場連動才對。

藝術品投資的風險

藝術品的價格會隨著流行趨勢或經濟狀況這類外在因素而大幅震盪。一九八〇年的日本以及在這幾年經濟急速成長的中國，都曾出現藝術品的價格隨著經濟活絡而飆漲的泡沫。價格隨著經濟動向而變動的藝術品常與股票或債券一同歸類爲投資商品，但是要特別注意的是，藝術品與股票或債券在以賺錢爲導向的投資上，有著不可忽略的差異。

第一項差異是，藝術品很難快速變現。股票、債券或其他類型的投資都能快速變現，但藝術品的投資不是這樣。藝術品的出售至少得等上幾個月，有時甚至要等上幾年，所以想立刻變現的人不適合投資藝術品。被視爲具有金錢價值與資產的藝術品或許與不動產較爲相近。如果你打算出售房子，只能在訂好價錢之後，等待買家上門。好運的話，或許能立刻賣掉房子，但有時候就是等不到買家，過了幾個月都賣不掉。同理可證，有一定需求量的珍品的確可以快速變現，但這樣的作品卻少之又少。

有些人以爲將作品交給訂好銷售日期的拍賣會就能立刻變現，但其實這也是天大的誤會。從交給拍賣會到作品售出與拿到現金至少要等六個月，要是不幸作品沒有賣出，還得另外尋找銷售管道。雖然現代也可以透過網路拍賣，但很難預測到底能以什麼價格售出，有時價格甚至會比交給畫廊或拍賣會銷售來得更低。如果不在乎這點風險，或許能在一週內變現，但這時候有可能會任由買家宰割，不得不低價賣出作品。

另一點要注意的是，買賣藝術品會產生手續費。就買賣股票或債券而言，手續費很少會超過百分之二，不動產的話，則大概介於百分之三～六。

反觀藝術品則完全不是這樣。除了天價般的作品之外，藝術品的交易手續費幾乎不會低於百分之十。如果是交給拍賣會出售，手續費大多介於百分之十～十五，如果是在拍賣會購買作品，也需要支付百分之十五～二十的手續費。就連透過畫廊買賣，也通常得付出百分之二十～三十的手續費。在投資藝術品的時候，必須先了解上述的風險，以及以手邊的閒錢投資，無論如何，都不能將緊急預備金或每天的生活費用於購買藝術品。

走火入魔的藝術資本主義

一旦藝術作品的價值高達數千萬日圓，該作品將完全被視爲資產。不管作品在作家眼中是否爲傑作，只要藝術家的名氣夠響亮，作品的價格一律都會飆漲。將藝術家推上神壇的過程其實與演藝經紀公司創造明星的手法非常類似，只要透過制定縝密的造神計畫，作品的附加價值就會越來越高，也會有許多業者搶著接近藝術家。

由此可知，藝術品的價格有時是被部分的利害關係人炒高，而不是自然上漲，所以無法在金融市場進行的價格操控，反倒在藝術品的市場大行其事。藝術品沒有類似內線交易的規範，所以不知內情的收藏者很有可能在資訊不足的情況下，高價買下藝術品。

在這種情況之下，有可能炒高藝術品的價格變得比增加藝術品的附加價值還重要，甚至有人會與業者聯手炒高價格，以便以高於買價的價格賣出作品。

照理說，這種只爲少數人謀利的機制一點都不公平，但拍賣會、美術館、評論家、畫廊、收藏家一起將作品的價格炒到高於作品價值的好幾倍，再從中謀利與分贓的情況也不能說是沒有。

就像是證券化的次級房貸一樣，這種炒高作品價錢的過程是一場悖離常態的金錢遊戲，就算待在藝術業界也難以了解整個過程，也沒人知道將價格炒至天價的意義何在。

比方說，收益現值法是決定土地價格的指標，除了合理的價值之外，還會加上優質地段所溢生的價格，而藝術品與不動產一樣，雖然都是有實際行情的投資商品，卻很難以合理的數值判斷。

因此，拍賣價是唯一可信的指標，除了拍賣價之外，就算詢問畫廊，畫廊也不會公開作品價格，不然就是售價很不透明，讓人不知道該從何判斷。

所謂的資本主義在於讓出資的人得到高於資本的報酬，目的就是爲了賺錢，所以當藝術品被捲入這股資本主義的漩渦之中，就算泡沫破裂，價格一時下跌，從長期來看，藝術品的價格還是會持續上漲，有些藝術家的作品甚至會在藝術家本人都不知道的狀況下漲到天價。

一如「大師的作品不會跌價」這句話，長期投資的話，藝術品的價值通常會上漲。假設越來越多人將藝術品視爲投資組合的一環，那麼就有必要立法杜絕前述的內線交易。

為什麼藝術品的價格會有落差？

我經營的「tagboat」雖然也會盡力提升作品的價值，但不會放任第三者「炒高」價格，而是希望作品的價值自然地「上漲」。

我常問自己什麼是「正常價格」，也常思考作品的價格是否合乎市況，若是不符合市況，也會每天思考該怎麼做才能賣掉這項作品，絕對不會放棄作品，逕自斷言「這項作品賣不掉」。

對於從事藝術品買賣的人來說，無處可去的熱錢湧入藝術市場是再理想不過的情況，但也必須繃緊神經，注意這些熱錢到底是「投資」藝術品或作家的才能，還是爲了以錢滾錢，大玩「投機」的金錢遊戲。藝術投資市場幾乎都幾中在美國、英國與中國這類拍賣活動頻繁的地方，日本完全就是這類投資的局外人。日本人通常是價格上漲至一定程度才敢開始投資的晚期大眾型投資者。這類型的投資者雖然能躲開一開始的風險，卻必須在價格飆高之後追高，所以往往無法在泡沫破裂的時候全身而退。

在歐美或中國，的確有許多相信「大師的作品不會跌價」這個傳說，不斷買進作品的投資者。面臨這個情況的我拒絕投資，選擇一步一腳印地創造喜歡藝術的人。假設購入的作品增值，能以高價賣出當然是好事，但是若將這件事當成購買作品的目的，反而會終日提心吊膽。假設只以增值爲目的，那麼投資者將不顧自己的喜好，只在拍賣市場物色有可能增值的作品再購入。

不管作品受不受歡迎，畫廊都有可能將作品的定價拉高，因爲買家與賣家之間有所謂的資訊落差，所以畫廊才有辦法設定較高的定價。換言之，不知道價值是否與價格相符的買家有可能成爲冤大頭。

在歐美或是中國，有一部分的有錢人以熱錢不斷地買賣藝術作品，但我一直覺得，能讓更多藝術家存活的世界比較實際，也比較可能成爲符合日本的市場。

我一直覺得日本的年輕藝術家放棄夢想是件很可惜的事。假設有更多靠創作維生的藝術家出現，就能形成讓更多的後輩擁有夢想，更多優秀的人進行挑戰的環境。

第二堂課的重點

- 藝術品的流通分成初級與次級兩種
- 反映供需平衡的是拍賣價
- 當代藝術的價格在進入本世紀之後飆漲
- 熱錢會隨著景氣流動不斷成長
- 藝術的價值在於作品的概念與故事
- 藝術的價格有九成以上來自附加價值
- 出售藝術品的時候，必須先知道手續費

了解全世界與日本的藝術市場

第三堂課 ⟶

比較全世界與日本的藝術市場

美國與日本的藝術品年度消費金額的比較

二〇一九年，全世界的藝術市場約為六兆七千五百億日圓（約六百四十一億美元），規模最大的美國市場約佔其中的百分之四十四，市場規模大約是三兆日圓左右。反觀日本的藝術市場只有四百五十億日圓的規模，而且這個藝術市場不是古董美術或戰前的「西洋畫作」，是「當代藝術」的市場。換言之，日本的藝術市場只佔全世界市場的百分之零點七，而日本市場的規模只有美國市場的七十分之一。

雖然美國的人口是日本的二點五倍，但雙方在藝術品年度人均消費金額也有明顯的落差，美國的藝術品年度人均消費金額約為一萬日圓，但日本只有四百日圓，所以美國人用於購買藝術品的平均金額高達日本人的二十五倍。日本的GDP（國內生產毛額）在二〇二〇年約佔全球GDP的百分之六，所以從這點可以發現，日本的市場非常脆弱，遠遠落後其他先進國家「圖7」。

圖7 全世界各國名目GDP比率（二〇二〇年）

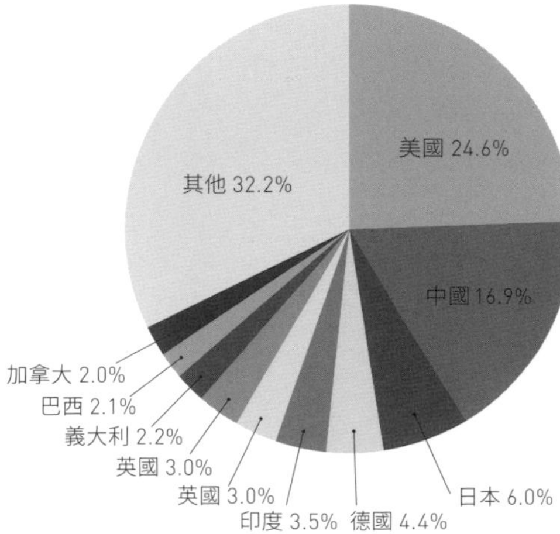

急速成長的亞洲當代藝術市場

接著讓我們將注意力轉向亞洲的當代藝術市場。

一九八九年，中國發生了天安門事件。在中國的民主化浪潮剛起步的時候，當代藝術市場幾乎等於零，但在那之後的三十年，中國賭上國家的威信爭奪文化霸權，藝術市場也因此急速成長，規模攀升至僅次於美國的世界第二名。現在的中國市場之所以如此壯大，可說是前述爭奪文化霸權的結果。

大英帝國曾有一段透過工業革命引入經濟活力，但文化卻比法國來得落後的時期。爲了彌補如此差距，英國建立了美術館，提供王室公開美術收藏品的地方，也讓一般民衆得到啟蒙，之後也在文化層面的競爭獲勝。

同樣的，美國的經濟雖然蓬勃發展，但一開始是沒有任何文化、歷史的國家，直到第二次世界大戰之後，才得以席捲藝術市場。如今的中國也正在上演同樣的歷史。

以現在的中國而言，各地的大都市與二、三級都市都有爲數不少的美術館正在興建，也正透過政策鼓勵民衆接觸藝術。尤其於二〇二一年在香港開幕的M+更是亞洲最大的當代藝術美術館。由此可知，中國不僅要在經濟層面取得優勢，也要在文化層面佔上風。

日本的藝術市場在平成泡沫經濟破裂之前也相當活絡，由此可知，經濟的動向往往會直接影響藝術市場。

各國GDP的成長趨勢也能告訴我們經濟與藝術市場之間的關係。目前GDP成長最爲顯著的是美國與中國，英國、德國、法國與其他歐洲諸國的GDP雖是微幅，但還是一步步成長，唯獨日本在一九九四年之後，GDP就連續二十年持平，沒有半點成長的跡象，所以今後應該還是美國與中國各霸一方的局面。

我認爲經濟成長與藝術市場的擴大息息相關，因爲一時的景氣無法帶動購買藝術品的動力，只有**一國的成長力才是購買藝術品的動力**

來源。就現況而言，當日本的GDP或是其他相關數值不斷被其他國家拉開差距，就沒必要堅持在日本銷售藝術品。

仔細觀察中國藝術市場擴大的原因就會發現，中國的次級市場表現特別優異。在中國有非常多間規模僅次於保利（Poly）、佳士得、蘇富比這類大型拍賣行的拍賣行，而且都熱中於當代藝術的買賣。二十年前的中國幾乎沒有銷售當代藝術初級作品的畫廊，想購買藝術品的人只能直接透過拍賣行購買。就慣例而言，拍賣行處理的不是初級市場作品，而是收藏家手中的次級市場作品，但拍賣歷史尚淺的中國市場卻背道而馳，作家直接把作品拿到拍賣會拍賣已成常態。不管如何，由拍賣主導的中國次級市場正急速地擴張，處理初級市場作品的畫廊也在這波浪潮下不斷增加。換言之，以藝術品的資產價值爲主軸的市場不斷擴大，拍賣行也在這股擴大的趨勢中扮演重要的角色。

日本的情況則與中國相反，處理初級市場作品的畫廊雖多，但拍賣會這類次級市場的規模卻一直萎靡不振。

美國藝術市場強韌的祕密

美國藝術市場的規模粗估為日本的七十倍。為什麼美國的藝術市場會比日本的藝術市場大這麼多呢？相較於日本人不太買藝術品，為什麼美國的藝術市場卻能如此不斷茁壯，輕鬆地超越整個歐洲的規模呢？想必有許多人都很好奇箇中緣由吧。從各個角度分析二次世界大戰到現代的美國，有些事情會變得更加清楚。接下來就讓我們一刀劃開美國藝術市場成長為巨獸的謎團吧。

首先讓我們想一想下列這十八位世界級藝術家的共通之處。

辛蒂・雪曼／吉姆・戴恩／亞歷克斯・卡茨／索爾・勒維特／馬克・羅斯科／班・尚／曼・雷／安塞姆・基弗／馬克・夏卡爾／朱利安・許納貝／里查・塞拉／羅伯特・勞森伯格／巴尼特・紐曼／路易絲・奈維爾森／喬治・西格爾／羅伊・李奇登斯坦／漢姆特・紐頓／克里

斯提安·波坦斯基

這十八名藝術家都是當代藝術的大師，但所有人都是猶太裔的藝術家。由此可知，猶太裔的人成爲關鍵人物，在戰後的美國藝術市場扮演重要的角色，扶持美國藝術市場一步步壯大。

所謂的當代藝術是在戰後的美國誕生，也與美國的霸權一同成長。若回溯至二次大戰之前，美國在一九三五年之後的八年之間，動員美術家一起執行羅斯福新政之一的「聯邦藝術專案」，這項公共藝術作品專案的內容主要是「公共藝術」（Public Art），這也意味著藝術也被納入刺激景氣的政策之中。

這項聯邦藝術專案共有將近一萬名畫家與雕刻家參與，也因此創作了約四十萬件作品。參與其中的畫家包含班·尙、傑克遜·波洛克、威廉·德庫寧、馬克·羅斯科之外，還有許多從納粹德國逃難至美國的猶太裔藝術家。

猶太教是禁止崇拜偶像的宗教，所以猶太裔的藝術家為了遵守這條教義而投身於極簡藝術之中。二次世界大戰結束後，同為猶太裔的美國藝術評論家克萊門特．格林伯格為了當時艱澀難懂的極簡藝術，以及其他非常前衛的抽象表現主義發表了理路清晰的評論，也為猶太裔藝術家的作品樹立了權威。

同時期的猶太裔藝術評論家哈羅德．羅森伯格認為行動繪畫才是美式藝術，賦予相關作品理論基礎與權威，也提升了作品的價值。

進入一九六〇年之後，隨著安迪．沃荷嶄露頭角，普普藝術也跟著誕生，大眾對藝術的需求也被喚醒，整個藝術市場便因此爆炸性地成長。換言之，在美國的猶太裔藝術家搭上政策的順風車，創作了大量的作品，之後又由猶太裔的藝術評論家賦予作品理論基礎，所以這些猶太裔藝術家的市場便隨著市場運作的原理擴張至世界級規模。

一如由羅斯柴爾德家族一手創辦的金融市場或鑽石交易，猶太人也是透過賦予商品附加價值的手法創造市場，這也是自古以來，沒有半寸棲身之地的猶太人在歷經千辛萬苦之後摸索出來的生存之道，而他們也透過這個獨門的方式賦予藝術價值與打造藝術市場。換言之，猶太人認為藝術品若與貨幣一樣具有交換價值，這項作品就值得信賴。最早將藝術品與金錢、股票、不動產一起納入資產組合的就是猶太人，所以美國的藝術市場才得以如此擴張。在紐約的四大畫廊之中，除了Gagosian之外，其餘的David Zwirner、Hauser & Wirth、Pace都是猶太裔的經營者，連賣出安迪．沃荷的作品，被視為傳說的Leo Castelli Gallery也是猶太裔的經營者。

除此之外，在猶太裔的當代藝術收藏者之中還有在洛杉磯擁有個人美術館的艾利．布洛德、擁有八百件以上安迪．沃荷作品的穆格拉比家族以及在英國經營廣告公司，同時以收藏達米恩．赫斯特作品聞名的查爾斯．薩奇。

在美術館方面，擔任泰德美術館館長的尼可拉斯．賽洛塔、眼光獨到的前藝術品經銷商，現任洛杉磯當代藝術美術館館長的傑佛瑞．

德奇，還有古根漢美術館的所羅門・古根漢也全都是猶太裔。即使在拍賣會方面，也有不少猶太裔擔任高層，例如蘇富比的查爾斯・斯圖爾特就是其中一例。

由此可知，藝術界的高層必有猶太裔的人，藝術家、畫廊、評論家、美術館、拍賣行、收藏家、藝術業界的主力就像是一個由猶太裔組成的聯合炒作組織。

相較之下，有些人認爲「日本的居住空間太小，沒地方擺放藝術品」、「有錢人不夠多」、「國家沒有撥預算發展文化」是日本的藝術市場難以壯大的理由，但這絕對不足以解釋日本與美國的市場規模爲何相差七十倍之多。

眞正的理由在於日本人不像猶太人，不懂得替藝術品增加交換價值，也無法打造一個賦予作品信用的市場。若不客觀審視日本與美國的落差，就無法找到擴張藝術市場的門路。

由歐美主導的藝術市場會改變嗎？

如今全世界的藝術市場是由歐美主導，不論是藝術品的價格、評價還是其他的規則，全都是奠基於歐美的常識，其他國家若不遵守這些遊戲規則，連與歐美對抗的機會都沒有，市場也不會接納作品，大型畫廊或拍賣行也不會予以承銷。。

假設作品不被歐美市場接受，除了無法進入拍賣會，還會被初級市場的畫廊排斥。不過，由歐美設立的這些藝術市場規則在這二十年之內不斷全球化，全世界的畫廊或藝術家都必須遵守這些規則，但日本的市場卻因自己特有的規則而不斷萎縮。

比方說，畫工精湛的日本美人畫在日本國內的老牌畫廊仍相當受歡迎，日本畫大師的作品在百貨公司也仍以高價販售，但這些作品都無法進入日本以外的全球市場，而且只有美術經銷商能參加的交換會也是以日本特有的規則投標與經營，所以在這類交換會交易的價格也不被外國的市場承認。

不過，現在的藝術市場在新冠疫情的影響之下開始慢慢改變。晚一步利用網路交易的藝術業界因爲疫情遭受重大打擊，死亡人數是日本十～六十倍的歐美（二〇二一年八月的數據）也遇到比日本嚴重許多的經營危機，許多畫廊的業績都比前一年大幅衰退，除了大型畫廊之外，許多中小畫廊肯定會因爲沉重的固定支出而被迫關門。此外，沒有能辦展覽的畫廊，也沒有來參觀的來賓，所以國際藝術展也只能被迫停辦。就算主辦方想辦，主要的贊助者也興趣缺缺。

因爲疫情的關係，藝術的國際交流在這一～兩年內銳減，以外國業績爲主，國內銷售比例較低的畫廊也因此陷入困境，如此一來，只好將注意力轉回國內市場，之前的全球化也只能一度喊停，這讓緊追在中國與亞洲各國之後的日本畫廊必須努力開發與耕耘國內的市場。日本的市場規模只有美國的七十分之一，只有中國的四十分之一，在先進國家之中算是極度狹窄，所以還很有成長的空間。

三十～四十幾歲的有錢人雖然已經替日本的新市場撐起一片天，但要挽回整整落後一圈的頹勢還需要不少時間。

就結論而言，不論疫情何時結束，藝術市場的在地化應該都只是暫時性的現象，因爲像藝術這種不需要語言詮釋的商品本來就會全球化。暫時性的在地化現象到最後反而會幫助市場加速國際化。

另一方面，本來只是用來彌補全球化不足之處的網路銷售手法也將進一步帶動全球化。知道網路可在疫情期間超越時間與距離的畫廊除了實體展示之外，也肯定會透過網路銷售作品。此外，有些人認爲，藝術市場主導權將因這場疫情從歐美移交給亞洲各國，但這實在是不切實際的想法，歐美的主導權不過是暫時變弱而已。由於東亞的新冠疫情死亡人數較少，所以就全世界的藝術品消費族群來看，東亞的消費者似乎在這段時間之內增加不少，但仍然不足以顚覆歐美建立的規則。一般來說，我們不用擔心世界的潮流會因新冠疫情大幅轉變，而大幅的震盪則會提早到來，所以藝術市場應該會因此更加茁壯才對。其實雷曼兄弟事件爆發時，藝術市場朝著繼續擴張的方向發展，所以市場應該不需要多少時間就能從一時的不景氣復甦才對。

日本藝術市場的未來

日本藝術市場的問題

盡管日本擁有悠長豐富的歷史與文化，日本的藝術市場卻非常小，小到連外國都覺得詭異。之所以如此，最嚴重的問題在於**日本的當代藝術還不具備賦予「交換價值」的機制**。所謂的交換價值是指「購入後，能在不跌價的前提下，在次級市場變現」的意思。交換價值會賦予作品信用，也讓作品成爲資產。

可是在日本當代藝術家之中，除了草間彌生、奈良美智、村上隆以及少數的具體藝術作家、物派作家之外，國外的次級市場幾乎都看不到其他作家的作品，購買沒有交換價值的作品的風險太高，所以沒有人願意購買，市場也因此陷入進退兩難的局面。自平成泡沫經濟破裂之後，日本的當代藝術便失去信用。這個信用指的是從資產的交換價值衍生的信用。

此外，**現在的日本藝術市場也難以讓好不容易購入的藝術品增值**。大多數認為作品會增值才購買的顧客不管最終是否出售作品，往往會因為自己購入的作品得到好評而開心，可是日本藝術市場不僅不會讓顧客賺錢，許多畫廊都是以賣斷的方式出售作品。畫廊該將心力投注在售出作品之後的事情，而不是只專注於銷售作品。

到目前為止，日本藝術市場的顧客還不多，要開拓新顧客還需要耗費不少時間與金錢。即使是有錢人，買藝術品的人也不多，願意砸大錢買作品的藝術愛好者也極為有限。所以顧客的回購率便顯得相當重要。若能讓顧客賺錢，回購率自然就會提升，所以畫廊應該努力提升作品的價值。

促進日本藝術市場擴大所需的因素

爲什麼在歐美，藝術品就値得信賴呢？在歐美一帶，畫廊經紀人、策展人、評論家、拍賣行以及業界相關人員都一齊爲作品建立信用。要讓藝術品成爲具有交換價値的資產，作品就需要具備「稀有性」、「歷史或文化方面的價値」、「足以交換的市場規模」，當市場向外開放，藝術品的交換價値就會增加，也就產生了所謂的信用。

有些歐美的畫廊，尤其是美國的畫廊具有「保證本金」的系統，也就是保證以高於售價的價格買回作品的系統。只要有這套系統的保證，收藏家就能信任畫廊銷售的作品，也敢以高價購買作品。這類畫廊不會與左手買、右手賣，藉此謀利的「藝術品黃牛」交易，而是會在五~十年之後，從優質收藏家手中買回作品，接著賦予作品附加價値再賣出。如此一來，銷售作品的畫廊以及購買的收藏家都能獲利。所以，畫廊經紀人會拼命宣傳作家，也會盡力讓收藏家獲利。

在這種資產價值不斷上漲的循環之中，作品的交換價值，也就是信用就會慢慢累積，收藏家也能以最低風險購入作品。

今後的日本是否能打造上述的環境，讓市場更加熱絡以及擴大成高於現在數倍的規模呢？我認爲只要滿足下列幾項要點就有機會。

- 打造一個藝術家能如同創業家般生存的環境。
- 讓更多年輕族群願意購買年輕藝術家相對便宜的作品，做為未來的投資。
- 讓年輕藝術家的作品在次級市場更加活躍，讓更多人願意在次級市場尋找平價優質的藝術品。

日本的問題不在於資金不足，而是缺乏替藝術品「建立信用的觀念」。假設這種觀念能在日本的藝術市場紮根，日本藝術市場的成長曲線肯定會上揚。

人口高齡化對藝術市場產生了明顯的影響

前面提過，日本的藝術市場之所以萎靡不振，在於「日本的居住空間過小，沒辦法擺放藝術品」、「有錢人太少，所以沒人買藝術品」。雖然前面也提到，這些理由不太正確，但在此要逐一驗證這些理由。

第一個要探討的理由是「居住空間」。若是比較先進國家的每戶平均樓板面積，會發現美國的居住空間約爲一四八平方公尺，法國約爲九十九平方公尺，日本約爲九十六平方公尺，德國約爲九十五平方公尺，英國則約爲八十七平方公尺。雖然國土遼闊的美國是遙遙領先的第一名，但從這份資料也可以發現，日本與歐洲的主要國家在居住空間的面積上，落差不太明顯。法國、日本與德國這三個國家的居住空間幾乎相同之外，英國的居住空間還比日本狹窄。由此可知，居住空間狹窄不足以構成不買藝術品的理由。

再來看看關於日本有錢人太少的說法。讓我們試著比較主要先進國家資產超過一億日圓的人數吧。在美國，資產超過一億日圓的人數約爲一五六五萬人，英國約爲二三六萬人，日本約爲二一二萬人，法國約爲一七九萬人，德國約一五二萬人，由此可知，日本的有錢人不算少。

這意味著居住空間的大小以及有錢人的多寡，都不是日本人不買藝術品的理由，那麼日本人不買藝術品的理由有可能是「日本的高齡化現象」與「保守的個性」。

日本是全世界高齡化現象最爲嚴重的國家，就二〇二〇年的資料而言，六十五歲以上的高齡人口佔總人口的比例（高齡化比率）爲百分之二十八．七，反觀中國六十五歲以上的高齡人口僅爲總人口的百分之十一點五。相較於高齡化的日本，於中國或亞洲各國舉辦的藝術活動，通常都有許多年輕人到場參觀，許多當代藝術的博物館也因此如雨後春筍般誕生。

一旦有這麼多年輕人對藝術有興趣，這些年輕人就很可能成為大批消費族群，也讓人對這些年輕人的潛力抱持著莫大的期待。

以二〇二〇年的資料來看，日本的人口年齡中位數為四十八點四歲，遠遠超過全世界平均的三十點九歲。另一方面，英國的人口年齡中位數為四十點四歲，法國為四十一點九歲，美國與中國都是三十八歲，都是比日本年輕很多的國家。

年輕族群越多的國家，肯定是新創事業、新文化容易誕生的國家，失去活力的國家與挑戰者較多的國家之間，很有可能會出現難以想像的落差。

當代藝術很難在日本紮根這點，以及傳統的寫實畫被如此重視這點，都證明日本的有錢人多為七十歲以上的族群。這些族群非常喜歡古董，工藝品與古董美術在藝術展的銷路會那麼好，都是日本才有的特色。日本之所以無法與其他的亞洲都市一樣替當代藝術舉辦藝術展，全因日本是個高齡化的國家。

日本藝術作品的價值

歐美或中國的藝術市場都是由收藏家在背後支持，但日本收藏家之所以不是如此是有理由的。一般認爲，其中一個理由就是日本人不愛冒險。日本收藏家比起相信自己的直覺，更傾向要等到作品在國外拍出高價才願意購買，但這時市場已經成熟，也就錯過了早期購買的機會，變現套利的幅度也比較少。若老是將藝術品的買賣難以獲利這件事當成藉口，代表收藏家的視野不夠廣泛。

話說回來，就算日本的藝術市場很小，也不代表日本作家的藝術創作就比不上其他國家的作家。許多外國的收藏家都未將那些技藝精湛、造型絕美的工藝品列爲投資標的。

不論如何，以現況來看，日本藝術家的作品尚未被正確地認識與評估。雖然美國的策展人曾以「重新認識那些未被正確認識的作品」的態度，介紹六十~七十年代的物派或具體藝術的作品，但這些作品終究未能打進全世界藝術市場的主流。

正確來說，歐美的收藏家發現了物派或具體藝術這個新型態的藝術之後，物派與具體藝術的作品才得到好評。如果這股風潮能持續下去，日本八〇年代的拙巧藝術或許也能得到世人的讚賞，但就過去的藝術史脈絡來看，日本特有的文化必須夠幸運，才能被歐美的策展人「發現」。因此，就算日本的藝術品與外國藝術品的品質相當，但價格卻始終被過度低估。

日本藝術家的作品增值空間令人期待

當國內的藝術市場太小，該國的藝術作品就很難增值。若是來自藝術市場的規模遠勝其他國家的美國或是英國的藝術家，作品的價格總是比較高，就算只是剛從美術大學畢業的藝術家，往往也能以高於日本作品二～三倍的價格賣出作品。這是因爲當市場的規模成長至一定程度時，每個人都能放心地以高價收購作品。

此外，歐美很少只出租場地的畫廊，大部分都是與藝術家簽約，負責展示或銷售作品的商業畫廊。由此可知，讓作品不斷漲價的系統早已在歐美一帶紮根。

反觀日本的藝術市場卻陷入反向循環，作品的定價一旦調高就賣不出去。日本的藝術市場非常脆弱，願意購買作品的顧客不夠多是其原因。話說回來，前澤友作以天價拍下藝術品這件事登上新聞版面之後，願意花錢購買藝術品的人在日本似乎越來越多。若與全世界比較，目前日本年輕藝術家的身價可說是正處在谷底，若能在身價上漲之前買下他們的作品，應該是筆聰明的投資。

其實在雷曼兄弟事件爆發之後沒多久，台灣的收藏家就在台北舉辦的藝術展用便宜的價格大肆收購日本作家的作品。相較於中國作家的作品，投資因雷曼兄弟事件而貶值的日本作品顯得更加合理，作品也更加優異，所以台灣收藏家此舉等於是寄期待予未來的早期投資，可惜的是，當台灣收藏家知道日本收藏家不願透過購買作品支持年輕的日本藝術家之後，便不再積極購買這類作品。日本人絕不能讓這類難得的機會一再被日本國內摧毀。

雖然日本當代藝術的市場目前只有四百五十億日圓，但只要買方的母數增加，要在短時間之內擴增至一千億日圓也絕非難事。一般認爲，中國的藝術市場將擴增至一兆五千億日圓的規模，這個規模是目前日本市場的三十倍，所以從這點來看，日本的藝術市場還很有成長空間，這也意味著，價格合理的年輕藝術家的作品若能不斷地交易，就有機會幫助日本市場不斷擴大。

合乎日本人性格的市場特徵為「貯蓄性」與「安心感」

合乎日本民族性的市場特徵有兩個，分別是「貯蓄性」與「安心感」。日本市場有許多商品或服務普及，而不管這些商品與服務是便宜還是昂貴，能以凌駕於歐美市場的方式發展的商品與服務，一定都具有「貯蓄性」與「安心感」這兩項特徵。

商品的部分是「自有住宅」，服務的部分則是「保險」。若以全世界各國爲比較對象，日本的房屋價格算是偏高，但日本的住宅自有率卻也比較高。有些國家的住宅自有率雖然比日本高，但房屋價格通常比日本便宜。同理可證，日本的投保率非常高，就算是保險金額高達數百萬的保險商品，願意投保的日本人還是比歐美多得多。

明明自有住宅與保險都不是便宜的商品，在日本卻幾乎算是大眾化的商品。雖然自有住宅與保險都有資產價值，但日本人特別喜歡儲蓄險，更勝於到期解約之後便沒有任何保障的保險。由於自有住宅在付完房貸之後也會變成資產，所以許多日本人把每個月付出的房貸當成一種儲蓄。

就算購買之後，資產有可能會跌價，日本人還是比較習慣像是儲蓄般，慢慢地付錢，等到該資產完全屬於自己之後，就會覺得很有成就感。這就是所謂的「貯蓄性」的特徵。

另一個特徵則是所謂的「安心感」。舉例來說，在日本買中古車通常會透過車商購買，但在歐美幾乎都是消費者自行買賣，因爲這樣可以避免支出多餘的手續費或稅金，但日本人覺得這種個人之間的交易不太安全，所以才會透過車商購買。簡單來說，日本人覺得從業者手中購買比自行交易來得更安心。

此外，日本的新車市場與中古車市場的比例約爲三：二，新車市場約是中古車市場的一點五倍大，但歐美的情況卻恰恰相反，新車與中古車的比例爲一：二，換言之，在歐美一帶，中古車的交易遠比新車來得多。此外，在自有住家這部分也有類似的情況。在日本，新屋的比例遠高於中古屋，但是在歐美，卻是習慣在購入中古屋之後自行改建，不會執著於新屋。不過，日本人覺得新屋比較有價值，所以就算新屋的屋價很高，爲了讓自己安心，還是願意砸大錢購買。

從這兩個特徵來看，要讓日本的藝術市場擴大，就必須設計一套購買藝術品像是買儲蓄險的方法，以及透過售後服務讓日本人安心的策略，說不定只要方法正確，就有機會讓日本的藝術更加普及。日本藝術市場還很有希望，只要能提高「貯蓄性」與「安心感」，日本藝術家的才能還是很有機會發光發熱。

第三堂課的重點

- 美國與中國的藝術場市不斷擴大
- 日本的當代藝術還未建立交換價值的概念
- 日本對藝術品還沒有「建立信用」的概念
- 現在正是購買品質遠高於價格的日本藝術品的時候
- 日本人喜歡的市場必須具備「貯蓄性」與「安心感」這兩項特徵

第四堂課 ⟶

透過網路購買藝術品

透過網路銷售藝術品的眞實情況

隨著網路演化的藝術市場

如今已是網路無所不在的世界，所以藝術家的活動也跟著改變了嗎？讓我們一起想想，在網路普及之前，藝術家是如何創作以及發表作品吧。

在九〇年代中期之前的藝術家只能在租來的畫廊發表作品，只能在選擇極爲有限的情況展示作品。要知道的是，租借畫廊的費用絕不便宜，租一週通常得支付二十萬日圓。藝術家不可能隨時有這筆錢，所以只要沒有租畫廊辦展覽，通常會不斷地累積作品，許多未發表的作品都不見天日，沒機會銷售。

在網路普及之前，藝術家都不太在意那些堆成小山的未發表作品，或許說成無力照顧那些未發表作品比較正確。在網路普及之前，收藏家都是一邊摸索自己的喜好，一邊在畫廊挑選喜歡的作品，所以想觀賞各種作家的作品，就得挨家挨戶地逛畫廊，確認每幅作品的狀況，沒辦法一口氣欣賞在每間畫廊展示的作品。

當網路普及之後，資訊就越來越公開，也有越來越多的人接觸這些資訊。對於無法在假日逛畫廊的人來說，能透過畫廊的網站觀賞展覽會的情況或是展示的作品，是一件不可多得的事，因爲可以一次欣賞或選擇很多件作品。如果眞的很想看到實物再購買作品，只需要先透過網路確認作品的狀況，之後再造訪展出這項作品的畫廊卽可，可以省下不少的時間。換言之，網路問世之後，資訊不再集中於個別的畫廊，而是分散於各個角落，連藝術家自己都能跳過仲介，直接透過自己的官網銷售作品。

由於藝術家可透過網路展示作品，所以收藏家或藝術愛好者也更有機會一窺未發表或未銷售的作品。

隨著網路社會的成熟，身爲創作者的藝術家遠比以前更具優勢，只要能創作出好作品，就能瞬間名揚四海，登上神壇。

如今已是藝術家挑選業者，透過各種業者銷售作品的時代，這也意味著進入網路時代之後，藝術家之間的競爭變得更加白熱化。

網路時代靠的是資訊的質與量

隨著網路出現，傳統的媒體與廣告也跟著演化，藝術市場當然也不例外。在過去，展覽會這類活動資訊只在專業雜誌或贈閱報刊登，但現在都透過網路公佈。原本只能在藝術專業雜誌取得的資訊，現在有很多都可透過網路免費取得，只爲刊載資訊的媒體也越來越沒有存在的價值。

到如今，畫廊的展覽會資訊或是藝術家的宣傳活動都會透過社群網站公開或進行，畫廊或美術館的明信片或印刷品也常常在看過之後，就被丟到垃圾筒裡面，實用性大打折扣。網路行銷不僅在日本國內很重要，也是向全世界進行宣傳的重要策略。

但比起世界各國，**日本的藝術資訊質與量都不足**，這與現在的日本藝術市場積弱不振也有直接關係。

剛入門的藝術品收藏家往往會因爲資訊不足的關係，而根據「最近這位作家的作品在拍賣會的價格一直上漲」這類誰都知道的消息而搶著購入作品。在資訊的質與量都不足的情況下，自然會根據這類小道消息購入作品，但不可否認的是，有極少部分的藝術品會不斷被炒高，形成所謂的泡沫，如此一來，就等於沒認清作家的實力與作品的評價而購入作品。

若能了解作品在外國的評價以及相關的優質資訊，就能避免買到這種價格被炒高的作品，如果一直聽信這些小道消息，日後有可能會因此大跌一跤。

雖然網路的資訊很重要，但有些人會覺得「藝術品必須親眼觀察，不是能在網路購買的商品」，這也是因爲**藝術品的臨場感與質感**

具有相當的震撼力。眞品具有讓觀衆感動的力量，其存在感是網路上的作品圖片完全無法比擬的，所以透過網路銷售時，價格透明是最重要的一點。

有些網站雖然刊載了作品，卻未公佈作品的價格，只能透過電子郵件或填寫表單的方式個別詢問。對消費者來說，這種無法立刻購買作品的網站很不方便，而且網站上的價格也有可能變動，價格一點都不透明。此外，有些畫廊會把作品的價格分成兩種，一種是國內的價格，一種是國外的價格，此時若是網站標出售價，就會被消費者發現國內外價格的落差，因此他們不喜歡透過網路販售。

那麼到底該在什麼網站購買藝術品呢？

找到可信賴的線上畫廊

網路上有許多藝術相關的網站，但多數都只是入口網站，而這些入口網站通常是以廣告收入經營，不然就是由非營利團體或企業負責經營。

同樣的，藝術雜誌除了刊載藝術業界的新聞、報導、畫廊的展覽會以及最新的活動資訊，也會塞一堆企業廣告。藝術相關的入口網站也設置了銷售某些作品的專區，但本質上還是提供資訊的網站，所以要購買作品的話，建議透過線上畫廊購買。

所謂的線上畫廊是指專門銷售藝術作品的網站。這類線上畫廊通常分成兩種，一種是藝術經銷商或專家這類業界人士銷售精選作品的網站。由於是由專家親自挑選，所以放在網站上的作品通常都是知名藝術家的優質作品。如果在這類網站看到資歷尚淺的作家，代表這類作家很有潛力。

另一種網站就是藝術家支付上架費，自行銷售作品的網站。簡單來說，這種大型網購網站就像是市集。選擇在這裡上架作品的藝術家通常沒有合作的畫廊，也還沒得到客觀的評價。不過，在這類網站可以看到藝術家不同階段的作品，也能看到作家擺脫既有的藝術社群的限制，自由創作的作品。這些作品的價格通常很合理，能輕鬆地購買作品也是很迷人的一點。只要了解這兩種網站的差異，就能依照想要購買的作品，選擇適當的網站購買。

透過線上畫廊購買作品的注意事項

透過線上畫廊購買作品時，最重要的就是公信力。大家在網購的時候，有可能會透過網路商城購買，但如果是不熟悉的網站，就會看一看首頁的設計或是了解一下負責經營的公司，以及閱讀相關的消費需知。雖然購買藝術品不同於一般的購物，但選擇具有公信力的網站這點，與在一般的網站消費是一樣的。

建議大家一開始先透過規模較大的網站購買藝術品。規模較大的網站會刊載數百位作家的資料以及數千件以上的作品。由於作品的數量遠高於小型網站，所以可選擇的作品更多，也能在看過更多作品之後再決定購買作品。此外，大型網站的服務較周全，操作也比較容易，付款方式也相對安全，所以能放心地購物。

有些網站會在首頁介紹一些當紅的藝術家或是相關的特輯，也能夠以價格、作品大小、作品主題、作家姓名或是其他分類搜尋作品，有些甚至可在使用者點選作品之後，附帶介紹類似的作品，讓使用者更快找到心儀的作品。

有些網站則會一五一十地介紹購買作品所需的知識，例如會額外介紹藝術相關新聞、報導，或是藝術家的經歷、作品的製作方式、購買藝術品的方法或是蒐藏作品的方式。就算是排斥透過網路購買藝術品的人，在閱讀這類資訊的過程中，應該會想買買看才對。基本上，在線上畫廊購買作品的注意事項與在一般的畫廊購買一樣，但因爲是透過網路購買，所以更需要格外謹慎。如果想透過網路購買藝術品，請記得確認下列這些項目。

・所有的作品是否都有標價

如果是「price on request」這種不透明的標價，有可能在購買的時候，對方會提出不合理的價格，所以千萬不要購買這類作品。一般來說，線上畫廊都該標示出作品的價格。如果對這樣的作品很感興趣，不妨自行確認對方提出的價格是否合乎行情。

・有無證明文件

不管是線上畫廊還是一般的畫廊，具有公信力的賣家都會發行證明文件，或是在作品的背面貼上證明，如果要在只於網路設店的畫廊購買作品，就應該更注意對方能否提供證明文件。

・是否刊載了客戶服務資訊

除了以電子郵件聯絡的服務專區之外，有沒有公開電話號碼這點也非常重要。請務必確認能否直接詢問賣家作品的銷售事宜。

・是否有退貨期限與退款保證

沒看到實物就購買作品，是件很需要勇氣的事情。實際購買之後，才發現商品有缺陷或是作品與想像不同的情況其實很多，所以在購買之前，必須先確認退貨期限，也要確認能否全額退款。

・支付方式

假設網站接受信用卡結帳，就要確認對方使用的支付系統是否夠安全，如果有任何疑慮，就要確認網站是否接受銀行匯款或是其他的支付方式。

・運費

美術品是既珍貴又纖細的商品，所以運送時，必須格外小心，運費有時也會超過預期，記得在購買之前先確認運費。一般來說，作品的尺寸越大，運費就越高，如果是高額的作品，甚至會委託專門運送美術品的業者配送。賣家通常會依照作品的狀況選擇適當的運送方式，但如果還是不放心，可先與賣家討論運送方式。

・能否實際欣賞作品

透過網路購買時，最難克服的瓶頸就是無法直接確認作品狀態，但有些網站會在事務所或畫廊展示作品，所以可事先確認有無這類服務。隨著網路普及之後，有越來越多人透過網路購買藝術品，但這類作品多數不會超過一百萬日圓，幾百萬日圓以上的高價作品很少會透過網路交易。若要讓市場規模繼續擴大，網站必須具備精準的搜尋功能，讓使用者快速找到想要的作品，也必須透過螢幕精準地呈現作品的顏色與質感，讓使用者宛如親眼看到實物，而這些都需要進一步開發相關的程式與軟體。此外，也得將網站設計成能隨手操作上述功能的形式，同時兼顧網站的視覺效果與魅力。線上畫廊若想進一步發展，除了需要藝術相關的專業，也少不了程式設計師或網路設計師這類技術人員的協助。

持續線上化的藝術市場

最近出現了不少藝術相關的網路業者。這些業者蒐集、整理與傳遞藝術這項商品的資訊時，網路是他們最大的武器，而這項武器尤其適合用來分析次級市場的資訊以及買賣作品。

總公司一九八九年於美國設立的Artnet.com刊載了全世界一千七百間拍賣行的資訊，如今已是上市公司的Artnet.com是在網路剛開始的時候，就不斷擴展提供相關資訊的業務。如果能像Artnet.com這樣將藝術這項商品的資訊轉化成數位格式，就能透過網路平台經營生意。

數位化的實用資訊與一般的網路商店一樣，包含了圖片、作品大小、製作技術以及作家個人簡介這類基本資訊，而平台的事業規模則是與其他平台形成差異的主因，尤其次級市場是將藝術視爲「商品資訊」，所以也能以網路平台的方式擴大事業。

另一方面，初級市場的畫廊若想透過網路做生意，除了銷售作品之外，還必須透過網路宣傳藝術家，爲藝術家打造形象。對畫廊來說，提升藝術家身價是非常重要的工作，因爲藝術家的身價與作品的銷路直接相關。

只讓藝術家有地方展示作品，卻不積極宣傳藝術家的畫廊與專門出租場地的畫廊可說是沒有兩樣。換言之，若只提供展示作品的空間，那麼對藝術家來說，與哪間畫廊合作都可以，所以藝術家與這類畫廊的關係通常很薄弱，畫廊也不再那麼必要。

假設網站也只提供銷售作品的場地，是無法提升藝術家的身價的，所以很難將這類業者歸類成網路商業畫廊。現在增加速度最快的，幾乎都是這類網路業者或出租網路空間的作品銷售網站，而這類網路業者或網站也幾乎不會以畫廊身份自居，爲藝術家打造個人形象，如此一來，藝術家只能將這類網站當成展示作品的工具。

另一方面，初級市場的畫廊或藝術展也開始利用網路銷售作品。不過對這些畫廊或藝術展來說，網路不過是銷售管道之一，無法替代畫廊展示作品的功能。

就目前的網路技術而言，在網路瀏覽作品、詢問作品的效果，還是比不上直接在畫廊觀賞作品，或是在畫廊與畫廊經紀人面對面溝通，所以網路充其量只是輔助的工具。

此外，網路在藝術領域的強項在於**可即時上傳資訊**、**擴散資訊與累積資訊**，換言之，網路可快速上傳資訊（即時性），也能讓資訊往網路的每個角落傳播（擴散），還能隨時參考過去封存的資料（累積）。

雖然這三項優點是網路的精髓，但網路再怎麼說都只是一種手段。藝術市場偏小的日本還很難培育出爲消費者找到理想作品的網路平台，所以透過網路進軍藝術市場的新業者，也必須透過自己的專業參與市場。

該從哪間畫廊購買藝術品？

購買藝術品之際的兩項要件

假設已經欣賞過不少作品，在購買作品之際，必須注意下列兩項要件。

①選擇從哪間畫廊購買
②從理想的畫廊購買喜歡的作品

選擇從哪間畫廊購買是件非常重要的事，因爲**畫廊是宣傳藝術家，幫助藝術家提升身價的原動力**。藝術家的身價不會莫名上漲，所以畫廊若想幫助作家提高身價，就必須藉助藝術評論或在美術館展出作品這類第三方的力量。不過接下來的情況可能會改變，畫廊將成爲替藝術家造勢的自媒體。

藝術評論家或美術館不是提升作家身價的必要手段，畫廊越來越需要透過網路媒體全力宣傳合作的作家。若能在社群網站或自家的官網刊載作家的訪或相關的影片，讓更多人有機會接觸藝術家的資訊，收藏家就能進一步了解作家，作家的身價與作品的價值就有可能一起上漲。

在選擇畫廊時，建議大家以畫廊透過哪些方式宣傳藝術家比較畫廊，之後再從擅長宣傳藝術家的畫廊之中，選擇自己喜歡的作家，這麼一來應該就能得到最理想的結果。

絕對不會失敗的畫廊挑選方式

那麼該在哪間畫廊購買作品呢？最有效率，也最不會失敗的方法就是在藝術展這種許多畫廊一起展出與銷售作品的場合購買，因爲參與藝術展的畫廊通常會展示平常就傾力宣傳的藝術家，以及準備售出的當紅作品。

許多收藏家或藝術相關人士都會參加藝術展，所以許多參與藝術展的畫廊也都想抓住這類售出作品的機會。目前全世界約有八百個藝術展，其中最有名、規模與品質都堪稱世界第一的是瑞士的巴塞爾藝術展，其餘則包括倫敦的斐列茲藝術博覽會、紐約的軍械庫展覽會、巴塞爾邁阿密海灘藝術展、巴黎的FIAC、巴塞爾香港藝術展、上海的West Bund Art & Design。

要在剛剛列出的藝術展展示作品，必須通過相當嚴格的標準，藝術展的主辦方會先評估畫廊，再從中精選適合參展的畫廊。換句話說，從這些參展的畫廊購買作品，幾乎可說是萬無一失，購買畫廊最推薦的作品也是最理想的購買方式。

大家可以先記住這些參展的畫廊推薦了哪些作家，做爲日後購買藝術品的標準。除了前述的藝術展，國內外還有許多可參加的藝術展，所以大家不妨多欣賞作品，培養自己的眼光。

以感性與理性的角度觀賞藝術

挑出理想的畫廊之後，可試著從畫廊尋找自己喜歡的作家與作品，但此時最重要的是先了解作品的概念，再購買認同的作品，千萬不要只以將來可以賣出好價錢的理由購買。最重要的是重視個人的嗜好，挑選感興趣的作品。不過，有時候不一定能找到自己喜歡的作品，因爲我們**除了該以感性的角度欣賞作品，也該透過理性的角度分析作品的邏輯**。藝術品的社會意義或概念也非常重要，換句話說，只有感性的話，就無法突顯作品的價值。

當作品的價格越漲越高，除了以感性欣賞作品，也必須理性地分析作品的價值。只憑感性投資藝術品，就只是所謂的衝動消費與炒短線的投機行爲。連這種左右人類情緒的謠言也成爲操作資訊的工具才是眞正的問題所在。藝術不能只由人類右腦的「感性」賦予價值，還必須透過「左腦」邏輯分析作品的概念。

奠基在上述論點的藝術價值就是：

①具有讓許多人產生共鳴的概念
②內含具社會意義的主題
③在美術史佔有一席之地

必須仔細評估這三點。藝術的價值不是由一時的熱潮創造，而是在美術史之中建立一個讓更多人對作家想呈現的主題產生共鳴的邏輯，這也是一項讓人十分漫長又浩大的工程。當創作者的思考與呈現的手法進化，就能賦予作品附加價值。大家務必知道，藝術投資通常是長期的，沒辦法立刻看到結果。

藝術品的銷售方法

接著要介紹的是藝術品的銷售方法。許多人都想知道自己手上的當代藝術作品的價錢。不管是否要出售作品，大部分的人應該都很好奇手上的作品比買進的時候增值了多少。此外，賣掉手上的作品也能籌措購買新作品的資金，所以最好能先透過作品的價格區間、種類與匯款時間了解最理想的出售方式。這麼做也能學會活化個人的藝術資產，有效地運用資金。在挑選銷售作品的業者時，會遇到下列這幾種業者，建議大家先了解這些業者的特徵再行選擇。

「委託銷售」

・拍賣行

（蘇富比、佳士得這類一流的國際企業或是國內業者）

・交由畫廊這類業者賣給一般的顧客

・雅虎拍賣、Mercari這類網路拍賣

「收購」

・收購藝術品的藝術經銷商
・參與次級市場的畫廊

一般來說，委託銷售的業者會以實售價格收購，所以通常可以賣得高一點，但風險就是不知道賣不賣得出去。就算是交由拍賣行銷售，有可能成交價只達理想的七～八成，如果不是很受歡迎的作品，甚至有可能不會成交，簡單來說，作品的行情是由受不受歡迎決定。拍賣行的強項在於擁有許多上流社會的人脈，以及很懂得銷售高價位的作品。佳士得或蘇富比是以一千萬日圓以上的作品爲主要對象。

拍賣的優點在於越受歡迎的作品越有可能以天價賣出，但也有可能以超乎想像的低價賣出，有時甚至會低於購入之際的價格。在拍賣之前，必須先發行型錄與公開相關的資訊，所以在拍賣會舉辦之前的四個月，就必須請拍賣行替作品估價，如果覺得拍賣行提出的價格合理，才能進行後續的作業。拍賣行重視的是成交率，所以通當會拒絕不易售出的作品，如果是不太受大眾喜愛的風格，拍賣行有可能會提出比當初購買之際更低的價格。

另一方面，收購的業者提出的價格通常只有委託銷售的二～三成。不過，這些業者通常只會收購比較可能賣出的作品，所以就算是知名藝術家的作品，也有可能因爲作品的內容而不收購。與這類業者交易的優點在於他們會立刻以現金支付貨款，所以若急著變現，選擇與收購作品的業者交易會比較合適。

第四堂課的重點

- 日本的藝術資訊不管是量還是質都太過貧弱
- 要透過網路購買作品，就選擇線上畫廊
- 網路在藝術領域的強項在於可即時上傳資訊、擴散資訊與累積資訊
- 從擅長爲藝術家塑造形象的畫廊購買作品較爲理想

第五堂課 →

想像
藝術的未來

藝術的民主化與大衆化已經開始

從艱澀複雜演變為簡單易懂

比起過去，當代藝術的戰鬥方式明顯地改變了不少。在此之前，策展人或藝術評論家都是從美術史的脈絡解讀作品的概念，但今後不一定非得了解作家的想法，因爲今後會有越來越多的作家出現，作品的數量也會大爲膨脹，美術史的脈絡或族譜也會變得錯綜複雜，所以已不再需要替每件作品找出定位。策展人或藝術評論家通常是以學術的角度解讀藝術，將作品納入美術史的系統之中，但在一般人的眼中，這一切就像是難以得知全貌的拼圖。概念艱澀難懂的藝術作品就像是按鈕密密麻麻的遙控器，重視這些概念也已經跟不上時代。

換言之，今後將是觀衆可自由解讀作品，以自己的標準評估作品的時代，這也意味著每個人對作品的感覺都不一樣，作者的想法也變得僅供參考。

若上述的時代眞的來臨，觀衆就不再需要藝術家的說明，能自由地感受作品，而藝術家在創作的時候，必須讓每位觀衆在沒有詳盡的說明之下，都能「了解」作品的概念。沒有詳盡說明就無法了解的作品有可能很難在接下來的時代存活。

如今**「作品能讓多少人產生共鳴」這件事已變得相當重要**，因此，比起深奧難解的概念，作品更需要的是淺顯易懂的概念。如果要以全世界的人爲對象，就必須是能引起迴響或共鳴的作品。當代藝術將從複雜難懂的路線切換成簡單易懂的路線，換言之，藝術將從強加在觀衆身上的學術路線，切換成大衆都能理解的共識。

這個時代的插圖或影像除了可以透過銷售獲利，還能收取入場費，所以價值也越來越高。藝術之所以比電影、文學、音樂這些文化更難親近，全是因爲有部分特權階級仍死守著學術地位，要拉高每件作品的價格，就必須由這些具有學術地位的人替作品「掛保證」。不過，網路的資訊擴散速度之快，將瞬間摧毀這些人建立的學術地位。

當作品的易讀性變得重要，作家以成長環境爲題材，以異國風情爲訴求的時代也將結束。對於在當代藝術取得領先地位的歐美而言，強調日式風格的作品已不再那麼稀有，作家再也不能將民族主義當成作品的原創性。

要創造讓全世界的人產生共鳴的概念或感性看似簡單，但其實非常困難。不過我們必須知道的是，目前已有許多歐美頂級畫廊了解這點，也已經開始思考下一步該怎麼走。

何謂藝術的民主化與大眾化

現在的藝術市場有兩大趨勢，一股是天價般的作品透過拍賣會交易的趨勢，**另一股則是每個人都能成為藝術家與自由買賣作品，所以「民主化」與「大眾化」也變得越來越重要**。從表面來看，這兩股趨勢似乎毫不相干，但其實關係密切。

隨著網路的發展，社群網站這項新發明也應運而生，如今已是每個人都能隨時透過Facebook、Twitter、Instagram、LINE建立人際關係與互通訊息的時代。

當每個人透過網路建立關係，每個人就能以藝術家的身份，直接向收藏家介紹作品，購買作品的收藏家也能透過社群網路直接贊助喜歡的藝術家。不論如何，以組織追求經濟效率與效益的時代已慢慢地轉型為個體經濟的時代。

這代表藝術的經濟活動將從中央集權轉換成個人裁量的型態，換言之，經濟活動將從「集中」轉換成「分散」的形式。由於這股趨勢是由每個人推動的，所以這股趨勢又稱為「藝術的民主化」，而這股藝術民主化的浪潮不僅在創作者陣營出現，也在購買作品的消費者陣營出現。

原本作品的展示與銷售都是由畫廊負責，但是到了現在，藝術家也能負責這些事情，而且藝術家也能取代畫廊，直接在社群網站替自己打造形象以及宣傳作品，購買作品的收藏家也能透過網路爲藝術家塑造形象。

那麼「藝術的大衆化」又是怎麼一回事呢？前面已經提過，投資股票、期貨或不動產已不容易獲利，這導致失去投資標的的熱錢有一部分流向藝術投資。以美國的現況來看，以投資爲主的藝術市場比個人藝術市場膨脹了數倍。雖然藝術被捲入了這股資本主義歪風，但是將藝術品當成資產投資的市場不斷膨脹之餘，許多人都不知道**個人也能自由參與的平價藝術市場已經形成**。換言之，藝術的民主化與大衆化正同時進行，這也代表藝術業界同時出現了大衆化與民主化這兩股方向看似不同的潮流，而且這兩股潮流將合而爲一，朝著相同方向的向量前進。

這股藝術的民主化浪潮讓許多人得以成爲藝術家，自行打造自己的形象，競爭當然也會變得更加激烈，收藏家也很可能買不到受大衆歡迎的作品。如果是受歡迎的作品，就算不透過拍賣行銷售，該作品的次級市場也會自然而然地在網路形成，讓想要購買的人隨時購買。

不難預測的是，於網路形成的次級市場與拍賣行一樣，當紅的作品都會被視爲資產。爲了讓大家進一步了解這個狀況，讓我們一起看看在藝術市場之外的市場，同時發生民主化與大眾化現象的例子。

比方說，以前要賣掉手邊的名牌變現，往往得是LV或勞力士這類超級名牌才賣得掉，但是現在的情況已經不同，就算不是太知名的品牌，只要放上Mercari等，就有機會透過網路找到買家，也比較容易將商品換成現金。

同理可證，之前透過拍賣行銷售的作品都必須接受藝術評論家或美術館的策展人評論。如果不是一流畫廊處理的作品，恐怕很難進入拍賣會，但是現在已是任何一位收藏家都能透過網路評論作品，誰都能瀏覽這些評論的時代。

收藏家的點評與藝術業界的權威完全不同，純粹是替大眾表達心聲的評論，如果有更多人因爲這類評論而購買作品，於次級市場流通的作品將更加民主化。在過去，餐廳都是由米其林評等，如今則進入以tabelog上一般人的食記評比的時代，藝術作品的民主化也像這樣慢慢地普及。

在此之前，大部分的人都認爲藝術收藏是一種有錢人才玩得起的興趣，到了現在，每個人都能以幾萬日圓購買藝術品，也能自行買賣藝術品。所謂的藝術民主化是指每個人都能擁有藝術品，欣賞藝術品。在不久的未來，每個人都能評論藝術，也能積極參與次級市場。這股潮流將不斷地前進，也絕對不會開倒車。當藝術越來越大衆化、民主化，每個人都能輕易地與藝術親近，這也將成爲世界共通的潮流，而引領這股潮流的正是網路的普及，每個人也因此能隨手取得藝術相關資訊。

畫廊經紀人通常會力推與自家畫廊合作的作家，但今後一定會出現更多會以本身的專業，冷靜而公平地評論作品的收藏家。比起偏好某些作品的畫廊經紀人，欣賞過各種作品的收藏家更加值得依賴，而當這些收藏家的意見變得擲地有聲，藝術作品的評論也將變貌。我不是在說專家的意見不重要，但是藝術作品的評論將從專家的意見變成消費者的意見。能了解前所未見的創意的人，應該是那些看過許多優質作品的人。

學院派的瓦解

現在的藝術還深受屬人的規則束縛。比方說，展覽會型錄的作品評論幾乎都是爲了美術館或少數學院派人士所寫，其他人都被排除在外。學藝員的評論專欄與大衆之間有一條鴻溝，很少人能對學藝員的評論提出異議。

學院派人士刻意與大衆保持距離，而這種距離將形成知識落差，並轉嫁在作品的價值與價格上。換言之，內行人雖然了解作品的價值，但要成爲內行人，就必須學習相關的學術知識。這是少部分知識分子、有錢人與大眾分清界線的手段，也是特權階級享受這類利益的方法。一九一七年，馬塞爾·杜象發表了〈噴泉〉這項作品，也藉此建立了「觀念藝術」的概念，爲「除了技巧與造型之外，能形塑新的觀念才是藝術」奠定了最初的基礎。自此，許多人爭相發明新觀念，而這些新觀念若能被藝術評論家定義爲美術史的新頁，就能獲得眾人青睞，換言之，這是在美術史佔有一席之地，作品的價值就會上漲的理論。

不過，當各式各樣的資訊透過網路流通，前述的特權階級就無法存活。大眾化的現象已在藝術的世界萌芽，特權階級與大眾之間的知識落差也正一步步被弭平。

藝術從重視觀念演進成重視共鳴

繼杜象之後，許多藝術家都認爲「觀念」最爲重要。這些藝術家認爲新穎的觀念與獨特的創意非常重要，也爲了得到學術權威的好評，絞盡腦汁尋找「觀念」，因此出現了許多不花時間說明就無法了解的作品，藝術也變成以「創意一決高下」的戰爭，再也不是藝術家眞心想創作的作品。

雖然這股重視觀念的趨勢不太可能出現明顯的轉變，**但是當每個人都希望藝術變得更加民主化，能喚起「感動」與「共鳴」，能扣人心弦的作品將比那些難以理解的藝術更加重要**。容易了解的作品能讓更多人感動，也能引起更大的迴響，但這絕對不是件簡單的事，因爲比起說服少部分的學院派人士與藝術從業人員，要感動大眾，引起大眾共鳴需要莫大的能量，而讓更多人了解這股能量則是藝術能否繼續民主化的關鍵。

日本的國內藝術市場爲四百五十億的規模，假設每個人平均購買十萬日圓的藝術品，整個市場也只有四十五萬人參與而已。以日本的勞工人數爲六千六百萬人來看，這個數字連百分之一都不到。過去的藝術業界都是針對這區區百分之一的人行銷，在這麼小的市場之中爭搶地盤。我們必須想辦法跳出如此狹窄的世界，讓更多人了解藝術的趣味。爲了讓藝術擺脫「艱澀難懂」的惡名，變得更加大衆化，絕不能只仰賴傳統的媒體。

藝術業界的資訊越來越公開

日本的藝術媒體與歐美不同，對象是規模極小的市場，尤其紙本媒體的特徵在於以高齡族群爲對象。藝術媒體的主要任務在於讓更多人透過圖片與文字了解藝術家的作品或想法，但日本的媒體通常不會提出任何批評，只會服從廣告主的意願。由於現在已是資訊快速流通的時代，所以需要經過印刷、裝幀、運送這些流程才得以發行的紙本媒體，有可能在發行的時候，書中的內容已是舊資訊。此外，高齡族群也因為新冠疫情而不敢去書店或畫廊，所以紙本媒體的廣告效果也大打折扣。

反觀五十歲以下的族群都不會閱讀這類紙本媒體，而是只透過網路汲取資訊，其中又以社群網路的比例最高，因為可從社群網路取得更貼近作家的資訊。要避免盲目地聽信廣告主提供的展覽會資訊，親自欣賞作品的話，影片絕對是不可或缺的工具。此外，透過採訪影片直接聽到作家的意見，才能進一步了解作家的想法。就這點而言，今後應該會有更多藝術媒體應用YouTube這類網路平台。

每個人對於藝術評論都有自己的解釋，媒體的論調也不一定是正確的。時代已經一步步朝向受眾根據大量資訊感受作品、評價作品的方向前進。每個人本來就能以自己的方式欣賞藝術，藝術評論家的說法也只是僅供參考，每個人以自己的角度解讀卽可。比方說，全世界都對新型冠狀病毒議論紛紛，但每個人的看法卻大不相同。

有些人會先閱讀外國的資料或論文，思考今後該怎麼面對新型冠狀病毒，有些人則會直接將綜藝節目的說法當成正確的資訊。每個人眼中的正義都不同，所以意見當然也都不同。

對藝術作品的評論也是同樣的道理，每個人的感受都會隨著資訊的質與量改變。對於重視作品增值的收藏家來說，身價越有可能上漲的作家越是優質作家。一如這些人會覺得股價上漲的公司才是好公司，作品價格會上漲的作家才是好作家。這種評估方式沒有任何問題，因爲好不容易花錢買作品，當然希望作品的資產價值能夠上漲。

次級市場的拍賣價會在藝術相關的媒體公開，但是初級市場的成交價卻很少公開。照理說，在初級市場購買作品最爲划算，爲什麼成交價很少公開呢？畫廊之所以不向媒體公開資訊，是因爲其中有些問題或是讓他們不想公開的隱情。

比方說，若是畫廊舉辦的展覽會，通常不會在畫作說明標示價格，只會貼出價目表，而且禁止來賓以手機拍攝這份價目表。此外，當作品售出，就會在價目表貼上紅色圓形貼紙，遮住該作品的售價。

之所以會貼紅色圓形貼紙，是爲了避免來賓將所有售價加總，猜出展覽會的總營業額。這會導致作家的收入攤在陽光底下，有些作家應該不太想被人知道自己的經濟狀況。另一個理由則是一旦價格變得透明，就很難做生意。例如，有些畫廊不想讓消費者知道國內外的售價不一致，如果是從其他畫廊借來作品，並且以委託銷售的方式販售，價格一公開就會被顧客發現賣得太貴。雖然畫廊不會公開價格已是不成文的規定，但這個規定也將在網路與社群網站的時代消失。

當畫廊的初級市場價格變得透明，或許就會採用動態定價系統。簡單來說，這是航空公司或飯店依照顧客需求彈性調整價錢的系統。若採用這類系統，就能以高於定價的價錢買到總是供不應求的優質作品，或是能夠調整候補名單的順位，這對經濟比較寬裕的消費者來說，是非常方便的方式，對於買方與賣方來說，結果都是雙贏。

反之，在畫廊展覽會後期調降價格也是不錯的銷售方式。讓價格在一定範圍內浮動不會讓作品的品牌形象受損，此外若能依照想買的人的需求調整作品價格，也能讓市場的交易更爲熱絡。以常客優先，不重視新顧客的方式總有一天會消失。建立一套剛入門的顧客也能輕鬆購買作品的系統，可培育更多年輕的收藏家與創造全新的市場。

藝術與娛樂融合的時代

到目前爲止，日本的藝術仍由學院派人士宰制，但藝術與娛樂即將融合的徵兆已悄悄浮現。

Gagosian、David Zwirner、Pace Gallery這些紐約大型畫廊除了擁有與美術館相當的展示空間，也會透過光雕投影、虛擬實境（VR）、擴增實境（AR）這類影像作品賺取入場費。

大型畫廊的資金實力遠勝於美術館，美術館若沒有大型畫廊的收藏家協助，也無法舉辦巡迴展覽，由此可知，這些擁有學術地位的大型畫廊也透過擴大娛樂領域的方式統治整個市場。

從作品的呈現方式、觀賞方式的多元化以及在各種媒體積極曝光這些事也可以發現，藝術家正一步步被包裝成偶像。

假設藝術品在接下來的時代被視爲資產，那麼以學術權威估算價值的比重將會縮小，價值因爲引起更多人共鳴，得到更多人青睞而上漲的比重將會增加，換言之，藝術的民主化等於藝術的娛樂化。

舉例來說，最貼近娛樂的社群網站就屬Instagram，這也是日本與其他各國的藝人或偶像最常使用的社群網站。大型畫廊也很積極經營Instagram，例如Gagosian的IG追蹤人數高達一百四十萬人，Pace Gallery則有一百萬人（註），相較之下，日本的畫廊在Instagram的經營就很貧乏，算是正準備起步的階段，但已經落後外國畫廊一大圈。

要讓藝術變成一種娛樂，第一步要將焦點放在吸引更多人欣賞藝術，享受藝術這件事。

註：二〇二二年四月時Gagosian的IG追蹤人數為一四九萬人、Pace Gallery為一〇九萬人。

次文化與精緻藝術的藩籬將消失

當受到學院派保護的作品不再保證是好作品，能吸引大量觀眾的藝術才開始受到注目，作品在精緻藝術與次文化的評價或價值的差異也不再有意義，學院派的勢力也將變得薄弱。當時代一步步朝著以分數或排名的方式評估藝術鑑賞體驗的方向發展，讓每個人感到震撼或感動的「共感力」（引起共鳴的能力）或許將成爲具體評估作品的度量衡。

學院派的勢力當然不會消失，也一樣想將定義藝術價值的主導權握在手中，但是當市場不斷擴大，大眾化的速度肯定越來越快。日本現行的美術教育完全錯估了這項事實，連杜象帶動的觀念重視主義開始式微這點都沒察覺到。

當作品引起迴響的程度能以簡單易懂的數字量化，那些只依照個人喜好創作的人就不再是藝術家，缺乏引起迴響的想法，就不算是藝術家的時代即將到來。

一直以來，強調作品在美術史的地位，的確能滿足那些願意砸大錢購買藝術作品的富人，這種做法應該會繼續存在，但是透過作品讓那些無法花大錢購買作品的大眾產生共鳴，藉此賺取收入的時代也即將來臨。中產階級的經濟實力將撐起大眾化現象的核心，這也代表大眾化在亞洲尙有成長空間。觀賞藝術這件事不僅能爲美術館帶來入場費的收入，還有可能讓觀眾購買線上的數位作品或是花錢收看節目，甚至還能創造廣告收入。

瀏覽或購買數位版的藝術作品這件事也將發展成一定的市場規模，依照這個市場的需求創作作品也有可能變得很重要。比方說，虛擬實境就是一個很好的例子，只要戴上VR眼鏡，就能待在家裡欣賞遠在天邊的作品。如果不放寬視野，認清這個時代與全球化的競爭，很可能一回過神來，才發現自己已被這個世界淘汰。

學院派與大眾化的藝術二元化

只要還有人想將藝術品當成資產，藝術就會被捲入資本主義的漩渦，捲入的速度也將越來越快。投資藝術家的才能，等到藝術家闖出名氣之後再回收資金確實是資本主義的遊戲，但比起股票、貴金屬、土地這類資產，藝術沒有太多明確的量化指標，所以也很難估算價值。除了得到一般人的喜愛之外，藝術品還得在美術史佔有一席之地以及得到藝術評論家的重視，價格才有機會上漲。

儘管如此，藝術的大眾化現象將繼續擴大，而從過去延續至今的學院派也會繼續守護自己的地位，所以**藝術的未來應該會朝向學院派與大眾化這兩個極端的方向發展**。以現況而言，學院派還擁有評估藝術的絕對權力，所以只要不屬於觀念藝術的範疇，作品就很難得到認同，但是前面也多次提過，當作品的概念變得艱澀難懂，就很難被大衆接受，所以作品的概念必須簡單易懂的時代終將來臨。

到目前爲止，有些藝術評論家或策展人的確握有評估藝術的權力，但今後將由大衆替作品打分數以及定義作品的定位。比方說，社群網站的追蹤人數或是點閱次數已是衡量藝術家或作品受歡迎程度的「具體指標」，全世界都能知道大衆對該作品的評價。換句話說，作品本來是很難具體評價的，所以只能交由具有學術地位的權威人士評論，但大衆的評價也不容忽視的時代即將來臨。不過，不是每個人都能輕易了解藝術，所以一開始只有大衆能理解的藝術創作才會成爲大衆評價的對象。

一般認爲，當大衆具備評價作品的能力，藝術將產生劇變，前述的二元化也將只剩下大衆化這條路線，但現在還不知道這個轉變何時會出現。金融商品、紅酒、不動產以及各種商品的資訊已不再由專家把持，許多人都能免費得到這類資訊，所以每個人都能比較各種資訊，市場也因此擴大。媒體與科技的進化肯定能幫助我們更關心藝術，擁有更多藝術相關的知識，大眾化的現象也將因此快速發展。

設計、插圖、藝術作品之間的界線已變得模糊之外，現在也是音樂家、小說家、技術人員都能成爲藝術家的時代，這些人或許會透過新技術創作跳脫框架的新藝術，有朝一日，或許會有藝術家透過新技術帶給我們全新的體驗與感動。

第五堂課的重點

- ■藝術的民主化與大眾化不斷發展
- ■民主化就是每個人都是自媒體，能銷售作品以及打造藝術家的形象
- ■當代藝術從重視觀念轉型爲重視共鳴
- ■大眾的藝術識讀能力增加，民主化的速度就更快
- ■以追蹤人數或點閱次數量化共鳴程度的時代即將到來

結語

我之所以會想著手撰寫本書，是希望「有更多人了解藝術家，希望更多藝術家能靠著創作維生」。

我曾是一個非常愛畫畫的少年。由於父親經營了一間鐵工廠，所以總是會從公司帶一堆製圖紙回家，我都會在這些製圖紙的背面畫漫畫。我很喜歡看漫畫，自己也喜歡畫漫畫，甚至在國中二、三年級的時候蹺掉補習班的課，畫了一本頁數多達一千頁的棒球漫畫。

進入高中之後，開始有人會拜託我畫畫，所以有段時間想要考美術相關科系的大學。雖然當時不太懂畫家、插畫家與設計師有什麼不同，但覺得這些職業很酷，若能從事這些職業，人生應該會很快樂。這些已經是距今三十八年前的事情了。

當我跟父母親提到這個想法後，他們劈頭就罵「畫畫能當飯吃嗎？」現在回想起來，如果當時不顧父母親的反對，硬是成為畫家，恐怕也很難以這份職業過活。

當時的日本幾乎沒有所謂的藝術市場，能在畫家這條路成功的人也少之又少。雖然我想做的事情遭到反對，但就結果來看，父母親的意見是正確的，到現在我也很感謝他們的建議。

不過，我對當時那個讓父母親說出「畫畫能當飯吃嗎？」的社會與環境感到憤憤不平。

我在進入藝術業界之後，才發現日本藝術市場的規模遠比想像中還小，到現在我都還記得，這件事帶給我的衝擊有多麼強烈。我之所以這麼想經營藝廊，就是為了改變這個環境。

不是頂級的藝術家或創作者就無法活下去的印象早已在每個日本人的心中紮根。我認為要顛覆這個狀況，就必須讓更多人了解藝術的資產價值，才會有更多人願意購買藝術品。

比方說，或許是因爲景氣好轉，中國的藝術投資市場越來越茁壯。當購買藝術品的人增加，藝術家就能只靠著創作過活，能靠著創作過活的人越多，就會有更多人想要成爲藝術家，如此一來也將形成良好的循環。

我經營的tagboat也以「培育更多能靠著創作維生的藝術家」爲使命，著手改造日本的藝術業界。

其中之一就是透過本書講解藝術與市場的各種知識，讓大家知道這些知識有哪些實用之處。我們很難從日常生活找到每天面對創作的藝術家的視點。了解藝術，一定能讓我們的生活、內在與資產變得更加充實。

如果各位在讀完本書之後，也開始欣賞藝術，享受收藏的樂趣，成爲支持日本藝術業界的一份子，那眞是再令人開心不過的事了。

知識ゼロからはじめる現代アート投資の教科書

零基礎開始藝術投資

給新手的當代藝術投資教科書

作者　德光健治
翻譯　許郁文
責任編輯　張芝瑜
美術設計　郭家振

發行人　何飛鵬
事業群總經理　李淑霞
社長　林佳育
主編　葉承享
出版　城邦文化事業股份有限公司 麥浩斯出版
E-mail　cs@myhomelife.com.tw
地址　104 台北市中山區民生東路二段 141 號 6 樓
電話　02-2500-7578
發行　英屬蓋曼群島商家庭傳媒股份有限公司城邦分公司
地址　104 台北市中山區民生東路二段 141 號 6 樓
讀者服務專線　0800-020-299（09:30 ～ 12:00; 13:30 ～ 17:00）
讀者服務傳真　02-2517-0999
讀者服務信箱　Email: csc@cite.com.tw
劃撥帳號　1983-3516
劃撥戶名　英屬蓋曼群島商家庭傳媒股份有限公司城邦分公司
香港發行　城邦（香港）出版集團有限公司
地址　香港灣仔駱克道 193 號東超商業中心 1 樓
電話　852-2508-6231
傳真　852-2578-9337
馬新發行　城邦（馬新）出版集團 Cite（M）Sdn. Bhd.
地址　41, Jalan Radin Anum, Bandar Baru Sri Petaling, 57000 Kuala Lumpur, Malaysia.
電話　603-90578822
傳真　603-90576622

總經銷　聯合發行股份有限公司
電話　02-29178022
傳真　02-29156275
製版印刷　凱林印刷傳媒股份有限公司
定價　新台幣 380 元　港幣 127 元
ＩＳＢＮ　978-986-408-825-6
ＥＩＳＢＮ　978-986-408-830-0
2022 年 6 月初版一刷　Printed In Taiwan

國家圖書館出版品預行編目（CIP）資料

零基礎開始藝術投資：給新手的當代藝術投資教科書 / 德光健治著；許郁文譯. -- 初版. -- 臺北市：城邦文化事業股份有限公司麥浩斯出版：英屬蓋曼群島商家庭傳媒股份有限公司城邦分公司發行, 2022.06
面；　公分
譯自：知識ゼロからはじめる現代アート投資の教科書
ISBN 978-986-408-825-6(平裝)

1.CST: 藝術市場 2.CST: 藝術品 3.CST: 投資

489.7　111007499